Consommation, commerce et culture en Afrique

Une analyse socio-économique

Louis César Ndione, Fatou Diop Sall
& Mbaye Fall Diallo

Consommation, commerce et culture en Afrique

Une analyse socio-économique

L'Harmattan
Sénégal

10 VDN, Sicap Amitié 3, Lotissement Cité Police, DAKAR

http://www.harmattansenegal.com
senharmattan@gmail.com
senlibrairie@gmail.com

ISBN : 978-2-14-030021-9
EAN : 9782140300219

AUTEURS

Louis César Ndione, Maître de conférences HDR en gestion, Université de Reims-Champagne Ardenne (France)

Fatou Diop Sall, Professeur des universités en gestion, Université Cheikh Anta Diop de Dakar (Sénégal)

Mbaye Fall Diallo, Professeur des universités en gestion, Université de Lille (France)

SOMMAIRE

PRÉFACE

« Le colporteur véloce a un avantage certain sur le marchand qui porte de lourdes charges : le commerce est avant tout et surtout la rapidité dans les déplacements et la conclusion des affaires » écrivit Massan Makan Diabaté (historien et écrivain malien).

La rapidité dans l'échange des biens et des services reste de nos jours une notion essentielle, peut-être même la première et sans doute celle qui fait la différence, mais Louis César Ndione, Fatou Diop Sall et Mbaye Fall Diallo, nous font entrer dans un secteur aux dimensions multiples qu'il est préférable de bien connaître pour qui souhaite s'y aventurer ! Car contrairement à l'époque du grand écrivain malien, le colporteur comme le marchand sédentaire se trouvent aujourd'hui plongés dans un monde mondialisé et digitalisé !

Nous vivons une période de télescopage permanent, faite de disruption et de ré-création, qui oblige celui qui commerce à s'adapter. L'Afrique est sans doute le continent qui porte en son sein le plus de paradoxes, qui vous fait passer soudainement de la tradition à la modernité le long d'une même route sur laquelle circulent des usagers de plus en plus connectés !

Me revient en mémoire ce vieux commerçant du souk de Marrakech qui, vêtu de son magnifique bogolan tradi-

tionnel, tue le temps en attendant le chaland, les yeux rivés sur la vidéo que diffuse son téléphone portable ! Nonobstant l'outil technologique performant, le cliché « carte postale » pourrait facilement nous faire penser que nous sommes dans le Maroc du siècle dernier ! L'image est la même et pourtant les temps ont changé !

Je salue le travail remarquable de ces universitaires qui nous proposent un ouvrage scientifique dont l'usage ne se réduit pas au seul cercle intellectuel mais peut être terriblement utile à ceux qui veulent entreprendre en Afrique, continent des longues mémoires mais aussi des modernités fulgurantes !

Vincent Ledoux,
Député du Nord, République française.

Rapporteur spécial du budget
« Action extérieure de l'État »

INTRODUCTION

Avant de poser le champ de la consommation en Afrique, il faut d'abord parler de l'Afrique qui est un continent de diversité et qu'il est utopique de réduire à un continent homogène (Brunel 2014 : 16). Il n'existe pas une Afrique monolithique, une Afrique singulière, mais plutôt des Afriques, avec des histoires, des cultures, des identités, des trajectoires politiques et des systèmes de pensée spécifiques et complexes. L'Afrique c'est mille et un visages. C'est un territoire fragmenté et déséquilibré. Chaque zone régionale possède ses propres particularités. Il y a de très fortes disparités entre les pays ; c'est le cas par exemple entre la Guinée équatoriale (34 865 dollars de PIB par habitant) et le Burundi 275 dollars), entre le Cap-Vert (espérance de vie 73 ans) et la Sierra Leone (espérance de vie 52 ans).

L'émotion, les professions de foi irréductibles, les passions sont fortes quand on parle de l'Afrique. À tort, de l'extérieur, ce qu'on retient de l'Afrique, c'est l'image d'hier, celle des missionnaires, des ethnologues et des colonisateurs, de l'Afrique botanique, folklorique, fanatique, fétichiste, immature bref essentialisée. C'est encore, le terrain de jeu des Occidentaux, celui aussi des expérimentations, des tâtonnements, des explorations et de plus en plus un débouché. Entre hier et aujourd'hui, en effet, les représentations n'ont pas fortement évolué, il subsiste un noyau dur fait de stigmatisation et de stéréotypes culturels qui entoure la marche de ce continent. Dans les années 60-70, les théories de la déconnexion (Samir Amin) et de l'échange inégal (Emmanuel) ont posé l'impact du passé colonial pour expliquer le sous-développement du continent. Mais osons dire le spectacle des mentalités, traditions qui freinent le potentiel d'invention de soi de l'Afrique.

Il faut l'affirmer, parler de l'Afrique, c'est accepter de la voir sans fard, sans fantasme et sans biais pour mieux l'affronter, l'analyser, la comprendre et construire une proposition adaptée. Parler de l'Afrique, c'est enfin affirmer le décalage flagrant (des esprits critiques diraient scandaleux !) entre le niveau de son développement et ses richesses de toutes sortes. À l'état des lieux, des décennies après les indépendances, seuls trois pays, l'Afrique du Sud et le Nigéria dans l'Afrique subsaharienne et l'Égypte pour le Maghreb englobent la moitié du PIB. Au niveau mondial, le PIB de l'Afrique est de 1.6 % ; sa part dans la production des produits manufacturés est de l'ordre de 2 % ; sa part dans le commerce international est inférieur à 2 %. C'est une économie à la périphérie. Les investissements industriels sont insuffisants pour dynamiser les économies, développer la productivité et améliorer la valeur ajoutée. À côté de cet environnement macroéconomique précaire, les « distorsions de prix intérieurs et les autres imperfections du marché ; les structures productives de l'économie pas flexibles » constituent des handicaps importants dans la mondialisation actuelle des économies (Daffé 2002).

L'espoir de l'Afrique, c'est son avenir. Il se présente prometteur. Cette revanche de l'Afrique qui s'amorce fait croire qu'on s'achemine vers ses trente glorieuses. C'est dans les années 2000, qu'on a commencé à souligner le potentiel du marché africain comme « un diamant à l'état brut qui pourrait être poli pour accroître simultanément les bénéfices financiers et lutter contre la pauvreté »

(De Berry-Spence *et al.* 2013 : 93). En effet, l'accélération de la croissance africaine se confirme. Ajustements macroéconomiques pour les uns, véritable décollage pour d'autres, il y a un consensus sur le fait que la politique économique de l'Afrique s'est améliorée. Il reste à engager des réformes pour dynamiser le cadre global du climat des investissements et offrir aux entreprises et aux entrepreneurs un environnement favorable à leur développement et à leur croissance. Ce temps de l'Afrique pour se référer à l'ouvrage de Sévérino et Olivier (2010) est à investir et à inventer pour mieux préparer les gouvernements, citoyens et consommateurs aux rôles et statuts à tenir. Les Investissements Directs Étrangers (IDE) ne cessent de croître et les exportations aussi. Ces exportations englobent une grande diversité de produits manufacturés. Elles ont fait entrer l'Afrique dans l'ère d'une consommation de masse. Leur achat ne se fonde pas sur une absence de choix mais sur « un enchevêtrement complexe liant des logiques d'utilité, de distinction et de plaisir » (Kernen et Mohamad 2015 : 112).

Cependant, de nombreuses problématiques marketing restent encore en suspens et posent la « nécessité d'un approfondissement du débat sur les facteurs qui sont à la base des comportements des consommateurs et des politiques et stratégies marketing des entreprises » (Tidjani et Chirouze 2009).

Cet ouvrage cherche à approfondir les réflexions sur le comportement du consommateur en Afrique. Il y a tout un ensemble de potentialités, d'énergies, de créativités, d'imaginations sous-exploitées. Il y a des ambitions anesthésiées, des environnements instables avec des crises récurrentes, des marchés embryonnaires. C'est dire toute la difficulté et l'intérêt à la fois d'amorcer en marketing un travail de recherche sur un objet si marginal. L'ouvrage s'intéresse à la compréhension des comportements des consommateurs qui sont « à la fois des vecteurs et des acteurs de la performance des politiques mises en œuvre par les entreprises » (Béji-Bécheur et Toulouse 2014 : 3). Le marketing de l'offre et le marketing de la demande trouveront leur place dans cet ouvrage.

L'approche culturelle de la consommation ou CCT (*Consumer Culture Theory*) qui est un des fondements théoriques de la recherche en comportement du consommateur englobe selon ses pères fondateurs des approches macro, interprétatives et critiques, du, et sur, le comportement du consommateur. Selon cette approche, la culture est la matrice qui organise et fonde les comportements humains et de consommation. À ce titre, étudier une culture de consommation c'est prendre conscience des processus sociaux qui structurent la manière dont la consommation façonne, fabrique les vies, reconfigure, construit les projets identitaires et oriente les choix individuels et collectifs. C'est aussi insister sur le travail d'appropriation, mais aussi de récupération et d'investissement des pratiques culturelles émergentes ou traditionnelles. En Afrique, la dynamique sociale est porteuse d'expériences de consommation, de mobilisation de ressources symboliques particulières. L'Afrique est un marché pauvre et très prometteur avec des attentes variées. Le potentiel est immense, mais pour exploiter au mieux ce marché, investisseurs, entrepreneurs, et industriels doivent oublier toute généralité, toute idée préconçue sur les habitudes des consommateurs africains. Il leur faut tenter d'être au plus près des habitudes de consommation locales. En effet, les consommateurs africains veulent une offre adaptée au marché local car ils ont des attentes spécifiques et sont devenus plus exigeants. La faible bancarisation des pays d'Afrique a poussé par exemple à trouver d'autres solutions de paiement. Si une majorité des consommateurs potentiels n'a pas de compte bancaire, 75 % d'entre eux ont au moins un portable connecté sur internet et peuvent donc rechercher des informations commerciales et sont favorables à l'achat en ligne. Plusieurs plateformes proposent maintenant une immense gamme de produits livrables à domicile, ce qui permet de pallier le manque de distribution. Se faire livrer chez soi, un produit que l'on ne peut pas trouver dans le commerce près de chez soi, c'est cela aussi vivre mieux, et peu importe où l'on réside. L'achat en ligne a connu une croissance ces derniers temps avec la pandémie de la Covid-19 en Afrique comme ailleurs ce qui a fortement modifié les comportements de consommation. La consommation en Afrique repose sur cinq piliers qui seront abordés dans cet ouvrage : la montée en puissance de la classe moyenne, la forte présence des femmes dans la sphère économique, la prédominance des jeunes, l'urbanisation et l'adoption rapide des technologies numériques.

Cet ouvrage a pour objectifs, tout d'abord, de permettre aux auteurs de partager leurs expériences de terrain sur la réalité du marché et la culture de consommation africaine. Il est une occasion pour eux, de faire connaître la place et le sens qu'occupe et que doit prendre le marketing en Afrique dans la production scientifique. Ensuite, il s'agit de vulgariser les innovations, les expériences localisées, qui peuvent être disséminées et explorées par les chercheurs et des entrepreneurs qui s'intéressent au terrain africain. Les implications de l'ouvrage sont à la fois académiques et pragmatiques. L'ouvrage aborde le comportement du consommateur en prenant en compte le contexte qui fait sens. Aussi, nous nous écartons d'une approche phénoménologique dominante et sa tendance à la « fragmentation de l'expérience du consommateur en éléments analytiques indépendants » pour s'inscrire dans une épistémologie « plus sensible d'un point de vue contextuel qui met en avant la structuration sociale des pratiques des consommateurs et la manière selon laquelle tous les idéaux, qu'ils soient individualistes ou non, participent d'un collectif imaginaire partagé » (Askegaard et Linnet 2011). Comprendre le champ des contraintes et des structures permet de densifier la production théorique et de mieux saisir le comportement du consommateur africain.

Nous nous empressons de dire que le prisme de cet ouvrage sera le Sénégal, les auteurs ayant en partage cette origine. Tout comme l'anthropologue, Appadurai (2001) avait analysé avec succès les conséquences culturelles de la mondialisation à partir de l'Inde comme point focal, le Sénégal sera aussi notre angle d'observation du comportement de consommation. Il constitue pour un chercheur une mine et un laboratoire des réalités sub-sahariennes. Avec une très ancienne tradition négro-africaine, il est de fait « le point d'ancrage pour ainsi dire naturel de l'Afrique sur l'Amérique du Nord et l'Europe, point de départ de l'aventure coloniale européenne, et point de départ aussi de toutes les transformations structurelles ou des chocs externes » (Diallo 2004). Il cristallise, les ombres et lumières, les espoirs et fatalités, les volontés et les rigidités, les contradictions dans les modes de vie et les nouveaux rapports au groupe et à la consommation de l'Afrique subsaharienne. Néanmoins, cet ouvrage n'est pas ethnocentré, il est parsemé de différentes expériences culturelles africaines.

Le plan de l'ouvrage est structuré en 4 chapitres.

La première partie macromarketing pose le cadre du marché et de la consommation de l'Afrique, la place et l'intérêt du marketing, comment cette consommation a été pensée, a évolué et ce qu'il doit être et enfin les théories actuelles pour penser le marketing en Afrique.

La deuxième partie concerne les moteurs de la croissance africaine. À ce niveau, nous interrogerons les acteurs et secteurs qui sont au cœur des nouvelles dynamiques africaines : classe moyenne, femmes, jeunes, diasporas et secteur informel.

Dans la troisième partie, micromarketing et comportements de consommation africains, il s'agira d'expliciter les significations plurielles de la consommation en Afrique. Nous avons fait ressortir celles qui semblent les plus ancrées, nous montrerons leur expression, leurs complexités, leurs évolutions et tendances.

Enfin, dans la quatrième et dernière partie de l'ouvrage, nous aborderons consommation, distribution et technologies. Nous soulignerons de manière appliquée les vecteurs du mix-marketing en Afrique et l'agence qu'a procurée aux consommateurs africains l'essor des TIC et de ses innovations sous-jacentes. Nous vulgariserons quelques pratiques innovantes en termes d'adaptation et d'appropriation. Nous proposerons les leçons de nouvelles orientations marketing fécondes et bénéfiques dont l'Afrique peut se saisir comme modèle de réussite.

CHAPITRE 1

MACRO-ANALYSE DE LA CONSOMMATION EN AFRIQUE

Étudier le comportement du consommateur africain suggère comprendre les contraintes et poids des structures qui pèsent sur ces consommateurs. Ce contexte socio-culturel fait apparaître des défis importants de tout ordre. Ces défis constituent autant de difficultés à dépasser et surtout à transformer en opportunités.

Section 1. Défis sociaux et contexte macro-économique de l'Afrique

Cette première clarification de la situation du continent africain s'impose. Elle permet d'éclairer le travail que le marketing doit construire et engager. Faire du marketing c'est puiser les ressources, les énergies, les potentialités dans les défis auxquels se confrontent, une communauté, un peuple. C'est opérationnaliser ces défis en démarches et applications permettant le bien-être individuel et collectif. Sans être exhaustif, le continent africain étant celui des défis, nous nous proposons de revenir sur les plus importants et les plus critiques du moment. Dans une démarche opérationnelle, nous poserons à chaque fois des idées, des propositions pour contourner ces difficultés. Cette volonté de s'inscrire dans une posture et un marketing positif à la fois critique et transformatif sera au cœur de ce travail.

1.1. Les défis de la gestion des ressources naturelles

En termes de ressources minières, l'Afrique est un continent béni par la nature. Différents pays ont des ressources naturelles considérables. En dehors des ressources fossiles, des minerais rares et stratégiques existent à des niveaux conséquents, sachant que l'Afrique est le continent le moins exploré pour les industries minières.

En raison de ces richesses, l'Afrique est coupée en deux, celle riche, séduite par des pays occidentaux et émergents à la recherche de matières premières pour le développement de leurs industries. Conscientes de ces richesses, de plus en plus de pays font jouer la concurrence dans l'attribution des permis de recherche et d'exploration de ces ressources. Ils ont de ce fait davantage accès à des financements abondants et diversifiés. Au final, si des gouvernements sur la base de ces revenus et recettes perçus sur l'exploitation de ces ressources, ont investi dans différentes infrastructures, à l'issue d'une période de dix ans pendant laquelle les termes de l'échange ont été favorables, « on observe cependant peu de signes d'une diversification productive » (Bourguignon 2015 :70). En réalité, seul le Botswana qui est devenu un pays à revenu intermédiaire de tranche supérieure peut être cité comme un modèle dans l'utilisation de ses ressources diamantaires. Il a, en outre, profité de l'effet d'entraînement et de la dynamique d'externalités positives liées à sa proximité avec l'Afrique du Sud.

À côté de l'Afrique riche en ressources et frappée par la malédiction de son sous-sol, il y a aussi l'Afrique pauvre en ressources qui se débat pour développer d'autres stratégies et leviers de croissance. L'Éthiopie par exemple dont les ressources sont modiques par rapport à celles du Nigéria est arrivée à avoir des résultats économiques meilleurs sur des indicateurs clés dont la réduction de la pauvreté, la baisse de la mortalité infantile et maternelle, le taux de croissance et d'activité. Inversement, les pays riches en ressources naturelles sont aujourd'hui plus que jamais frappés par le défi de la double diversification : une diversification industrielle et une diversification agricole. Certains pays dont le Gabon dont les forages de pétrole sont matures cherchent tardivement à accélérer leur développement agricole et leur industrialisation. Ainsi, l'industrialisation de la filière du bois, à travers l'interdiction d'exporter depuis 2010 des grumes bruts coupées dans les forêts, est promue. Cette transition est engagée avec des formules variables dans tout le bassin du Congo. D'autres pays producteurs comme l'Angola ont subi la baisse du cours de pétrole d'où la réduction des recettes fiscales et de leur capacité d'investissement. Ce dernier, qui tire 90 % de ses recettes budgétaires des revenus de ses hydrocarbures, n'a pas pu malgré ces ressources réduire la pauvreté et l'inégalité qui frappent la population. Le rapport du développement humain du PNUB en 2015 classe l'Angola dans le lot des pays africains les moins développés avec une forte ampleur des inégalités. Les difficultés de l'Angola sont partagées par nombre de pays de l'Afrique centrale. Le modèle de la Norvège qui a su dès les années 1990 créé un fonds de pension qui accueille les excédents des ressources pétrolières afin de financer les retraites et d'épargner une partie pour les générations futures est un exemple de bonne gestion. Ce fonds est devenu aujourd'hui le premier fonds souverain du monde. Ses gestionnaires prospectent en Afrique à la recherche de bons créneaux d'investissements. Des pays comme le Ghana cherchent à s'inspirer de cette politique. D'autres dont le Gabon, le Tchad ont opté pour un fonds d'épargne sans fonds de stabilisation d'où les difficultés financières de ces pays menacés dans leur croissance par la volatilité des cours de ces produits.

Pour une meilleure gestion des ressources naturelles, différents pays africains (Sénégal, Niger, Burkina, Mali par exemple) ont engagé des réformes pour rendre leur code minier plus efficace sous la poussée notamment des sociétés civiles. Ces révisions sont exigées également par les populations locales qui souffrent, malgré les codes de l'environnement, d'être lésées par les entreprises minières et de ne pas profiter de leur sous-sol sinon que d'être exposées à des maladies chroniques et récurrentes dans des zones auparavant épargnées. Par des actions de responsabilité sociétale, ces entreprises cherchent à contourner les résistances locales, en développant des partenariats avec des ONG, des associations de riverains, des mouvements de jeunes, des comités de gestion. Ainsi, certains pays dans le partage de ces ressources privilégient les communautés locales frontalières de ces mines en raison de leur plus grande exposition au risque sanitaire. Au Ghana, ces communautés locales sont bénéficiaires à hauteur de 9 % des taxes et redevances collectées. Enfin, au sud de l'Afrique, le Botswana tout comme la Namibie, favorisent la participation et/ou le monopole de l'État dans la gestion des minerais stratégiques.

Malgré ces situations contrastées, pays riches ou pauvres en ressources naturelles en Afrique subissent les mêmes contraintes. Ils continuent de dépendre de l'Aide Publique au Développement (APD). En 2018, selon les chiffres de l'Organisation de Coopération et de Développement Économiques (OCDE), l'APD a atteint à 152,8 milliards d'USD en 2019, soit une hausse de 1,4 % en termes réels par rapport à 2018[1]. Sorte de bonne conscience selon certains, il apparaît que de plus en plus des pays occidentaux intègrent dans cette aide à hauteur de 0.7 % de leur PIB intérieur différentes ressources directes et indirectes. Dans un mouvement inverse, la fuite de capitaux s'accélère.

---

[1] https://www.oecd.org/fr/cad/financementpourledeveloppementdurable/normes-financement-developpement/aide-publique-au-developpement.htm

En tout état de cause, les ressources naturelles ne peuvent pas être le levier du développement africain. Imaginons, indique Bourguignon (2015 : 72), que le moteur du développement d'un pays soit l'exportation de matières premières qu'elles soient minérales, agricoles et la demande induite de biens non échangeables. Cela suppose qu'à long terme, la croissance économique de ces pays sera essentiellement déterminée par la croissance du volume et du prix de ces produits d'exportation. Garantie dans une telle situation, une hausse annuelle du revenu par tête de 2 % avec une population ayant un rythme de croissance de 2 %, exigerait que les revenus tirés de ces exploitations de matières premières augmentent à un taux annuel supérieur à 4 %. Un tel scénario en termes de croissance sur plusieurs décennies serait difficilement réaliste que ce soit du côté de la demande (pays occidentaux et émergents) que de l'offre (pays africains). En conclusion, souligne l'auteur, sans diversification de l'activité économique africaine par substitution d'importation ou par développement de nouvelles exportations, la croissance d'une économie de rente se voit contrainte par la croissance de cette même rente.

1.2. Le défi de la production et de la productivité

En effet, la production africaine est faible. Ce déficit de productivité concerne tous les secteurs d'activités. Entre le développement de l'agro-business et de l'agriculture familiale, par exemple, les modèles agricoles n'ont pas fait leur preuve et leur capacité à nourrir les masses. Selon Brunel (2004 : 47) 60 % des « terres arables considérées comme vacantes ou sous-utilisées dans le monde se trouveraient en Afrique, suscitant la ruée vers les terres que l'on observe autant au Sud, qu'à Madagascar ou en Éthiopie ». En effet, des pays comme la Chine confrontée à un problème d'espace et l'Arabie Saoudite à la disponibilité de l'eau, ont acquis des hectares de terres en Afrique qu'elles cultivent et exploitent au service de leur alimentation et de leur économie. L'autre tare de l'Afrique, c'est le manque de productivité de son agriculture dont les méthodes agraires n'ont pas fortement évolué et restent rudimentaires. La résultante, c'est que la productivité de l'activité agricole y a forcément crû beaucoup moins vite qu'ailleurs dans le monde. Les investissements en termes d'infrastructures agricoles et de politique de gestion de l'eau tardent. En effet, « les rendements agricoles [en Afrique] restent, pour l'instant, les plus faibles du monde, avec moins d'une tonne à l'hectare pour les céréales (contre 7 à 10 en France), et moins de 0.5 litre de lait par jour et par vache (contre 25 litres en France), le potentiel de production du continent, à l'heure où il faudra produire un milliard de tonnes de céréales en plus d'ici 2050 pour nourrir le monde semble donc colossal » (Brunel 2014 : 47).

Pourtant des potentialités existent. Certains pays sont parvenus assez rapidement à augmenter leur production de manière significative à travers une agriculture intelligente et le développement des capacités en action des producteurs et organisations agricoles communautaires. En réalité, les économies africaines qui ont connu une croissance rapide sont celles qui ont diversifié leur agriculture. La diversification du secteur primaire à des fins d'exportations n'entraîne pas nécessairement une baisse de la production de denrées alimentaires pour les besoins de consommation locale. Il semble même selon Hérault (1987 : 84) que l'on « puisse y voir un effet de déclenchement économique important. Les pays qui ont pratiqué avec succès des cultures de rente sont ceux qui ont le mieux réussi à accroître la production vivrière car les premiers développent les services de vulgarisation, d'approvisionnement en faveur de la production et de la commercialisation dont les deuxièmes bénéficient ».

Au nombre des solutions pour doper la productivité en Afrique, en dehors de l'appui agronomique et industriel à travers la collaboration avec des centres de recherche ou le recours à des partenariats privés et publics, une plus grande consommation d'engrais serait bénéfique. Il est vrai depuis 2008, celle-ci est en progression. Mais les 15 kg utilisés environ en moyenne par hectare sur le continent selon les statistiques du Centre international pour l'utilisation des engrais (IFDC) sont sans commune mesure avec les 250 kg consommés par hectare aux Pays-Bas. Tendre déjà vers une consommation moyenne de 25 kg par hectare permettrait de développer les capacités productives du continent, de nourrir mais aussi d'approvisionner d'autres marchés du globe. De même, des formes hybrides de savoir-faire agricoles entre l'agriculture vivrière et l'agriculture de rente, l'agriculture urbaine et l'agriculture rurale, l'agriculture extensive et l'agriculture intensive peuvent aider à maximiser la production tout comme les techniques d'irrigation, le recours aux savoirs conventionnels, de l'agro-écologie et aux innovations transgénériques. À une échelle communautaire, sous-régionale voire continentale, l'offre agricole peut se faire en fonction des facteurs de production orientés selon des spécialisations par zone ou par exploitation. Enfin, les potentialités de la biodiversité doivent être exploitées comme par exemple au Kenya où des plantes de desmodium quadrillent les exploitations agricoles et piègent les insectes par leur matière gluante qu'elles produisent. Par exemple au Sénégal, les feuilles de Dimb[2]utilisées comme micronutriment en complément de la farine de mil ou maïs pour les nourrissons ou femmes enceintes. Ces feuilles riches en fer luttent contre la malnutrition ou les carences en fer. Le modèle des fermes autonomes de Shongaï au Bénin est une réelle innovation agricole. Fondé dans les années 90 par Godfrey Nzamujo, il permet à travers une utilisation intelligente

---

[2] Dimb est un arbre sauvage dont les plantes servent à l'alimentation du bétail.

des ressources de développer une production agricole rentable selon l'esprit rien ne se perd, tout se transforme. Ce système intégré permet la production d'ananas, de produits maraîchers, l'élevage de poussin, etc. Suivant la doctrine de la récupération, les déchets plastiques de la ferme sont utilisés pour la fabrique des bouteilles de jus de fruit, les engrais naturels sont transformés en biogaz dont l'énergie alimente toute la ferme. Rien n'est importé, ce qui déclenche une capacité d'innovation. Promu comme Centre d'excellence pour l'agriculture depuis 2008 par les Nations unies, son initiateur a créé sur le site, l'école des fermiers-entrepreneurs qui accueille des jeunes qui sont formés aux techniques agricoles et à la gestion. Ouvert au public, la ferme reçoit des visiteurs de tous horizons et son modèle est exporté dans une dizaine de pays africains dont le Libéria, le Nigéria et le Ghana.

Ensuite, comme marqueur des difficultés de production, différents pays africains, souffrent souvent d'un vide juridique autour du foncier. Des réformes foncières participatives et citoyennes s'imposent. Il s'agit, par cette voie, de donner un socle juridique au foncier pour stabiliser la situation des paysans, démocratiser l'accès à la terre et limiter la mainmise des chefferies locales comme dans le cas des *Stools and Skin Lands* au Ghana. L'étude du think thank Audace Institut Afrique, montre qu'en Côte d'Ivoire, seules 4 % des terres agricoles sont enregistrées avec un titre de propriété d'où des conflits fonciers fréquents. Le droit coutumier est souvent contesté. L'immatriculation des terres annoncées depuis 2013 permettrait de développer la production de richesse intérieure.

Enfin, d'un point de vue marketing, un système marketing agricole efficace permettrait de remplir simultanément les fonctions suivantes selon Hénault (1987 : 66) :

– fournir les intrants au secteur agricole ;

– distribuer les extrants dans le temps et dans l'espace aux unités de transformation et aux consommateurs, à un coût minimum ;

– grâce à un système de signalisation des prix, provoquer une allocation efficace des ressources du secteur agricole ;

– à court terme, intégrer les marchés locaux aux marchés nationaux ;

– à long terme, servir les secteurs agricoles et agro-alimentaires.

En particulier, au niveau du marketing de la distribution, des outils d'intermédiation entre offre et demande peuvent favoriser les transactions. Au niveau régional, il y a l'Ethiopian Commodity Exchange (ECX) qui s'est imposé comme une bourse agricole où des ordres d'achat et de vente de plus de 20 millions de dollars sont passés chaque jour. Cette bourse sans barrière de volume et de valeur permet aux producteurs de vendre des produits avec sécurité moyennant des commissions de l'ordre de 30 %. Au Sénégal, il y a MLouma qui est une plateforme Internet au service des producteurs agricoles.

Étude de cas 1 : La start-up Mlouma

Contexte

Le Louma agricole ou marché hebdomadaire des produits issus de l'agriculture sénégalaise fait la promotion du consommer local. C'est un événement qui permet de revisiter les richesses du terroir sénégalais mais également donne aux producteurs locaux l'opportunité d'écouler leurs récoltes. Les difficultés de mise en relation entre vendeurs et acheteurs et les incertitudes du marché ont poussé Aboubacar Sonko ingénieur informaticien originaire de la Casamance et fils de paysan à se lancer dans la recherche d'une innovation technologique au profit du secteur agricole sénégalais. En mai 2011, il a eu l'ambition de contribuer au développement agricole au Sénégal en décidant de réparer une injustice dont étaient victimes les paysans qui n'avaient aucune maîtrise de la commercialisation des produits agricoles. La start-up Mlouma est ainsi née afin d'aider les paysans à vite trouver des marchés d'écoulement pour les produits de leurs récoltes.

Une innovation disruptive ?

À travers ses représentants dans les sept régions actuellement couvertes, l'application Mlouma organise des rencontres d'échanges avec des paysans en vue de recueillir les informations sur les récoltes ainsi que les prix de vente. Par la même occasion, les producteurs agricoles sont sensibilisés sur l'inscription à ses services en ligne et via le téléphone mobile. En fait, la plateforme se chargera de leur fournir des informations en temps réel sur les offres et les demandes du marché agricole. Ce marché virtuel permet aux producteurs dans un marché atomisé et des prix tirés vers la baisse par les intermédiaires de vendre leur production avec une marge plus avantageuse. Depuis l'intégration des fonctionnalités USSD qui permettent aux producteurs même sans connexion Internet d'interagir via SMS avec la plateforme, le nombre d'utilisateurs et d'interactions par jour possibles est fortement en hausse. De ce fait, les agriculteurs et les groupements de producteurs ont pu augmenter leurs revenus et investir dans l'achat de nouveaux équipements. Il reste encore à mieux développer ce business model. Pour l'instant, sa survie dépend d'un système d'abonnement et du nombre d'acheteurs. Il importe dans le court terme de couvrir l'ensemble de la filière agricole du pays, de convaincre de nouveaux producteurs et de développer le marché vers la sous-région à moyen terme.

Le site www.Mlouma.com offre une interconnexion entre agriculteurs et potentiels acheteurs. Il donne un aperçu des produits agricoles disponibles dans chacune des zones de production et dans chaque marché. Les agriculteurs peuvent y poster les produits qu'ils souhaitent vendre, tandis que les potentiels acquéreurs ont la possibilité de réserver les produits qui les intéressent.

Plus récemment, la société kenyane « Seed projet » propose un système d'irrigation disruptif au goutte-à-goutte et dont la distribution est assurée grâce à l'énergie solaire. Ce système permet, selon les fondateurs de la société, d'augmenter les rendements des petits producteurs à hauteur de 300 %. En définitive, le défi de ces nouveaux systèmes de distribution et de production est d'aller vers une agriculture africaine moderne et compétitive[3].

1.3. Les défis de la compétitivité et à l'employabilité

La question de la compétitivité

Évidemment, faire du marketing sans tissu industriel, sans capacités de production réelles, pose question. Différentes recherches s'accordent sur l'existence de goulots d'étranglement nuisibles à l'économie africaine. Plutôt que de poser la question l'Afrique peut-elle être compétitive ? Il convient plutôt de dessiner les perspectives. En effet, les problèmes de compétitivité africaine sont abordés sous deux prismes : accès aux marchés (nationaux ou internationaux) et modernisation. L'accès au marché pose l'enjeu de la connectivité des marchés africains, la recherche d'économies d'échelles. Les accords sous-régionaux signés jusque-là n'ont eu que des effets partiels. En 2017, selon le Rapport sur le développement économique en Afrique de 2019, les échanges intra-africains représentaient 16.6 % des exportations totales, contre 68.1 % pour les exportations intra-européennes et 59.4 % pour les exportations intra-asiatiques. Le souci de l'intégration africaine peut être une solution dans le sens où la croissance des échanges inter-régionaux et transfrontaliers peut stimuler l'augmentation de la

[3] *Source* : site internet du concept et compilations diverses.

compétitivité sur les marchés intérieurs. Elle permettrait de lever la contrainte de l'étroitesse des marchés nationaux et offrirait aux entreprises l'accès à des consommateurs plus nombreux, l'atteinte de la taille critique quitte à développer des alliances et des partenariats stratégiques avec des entreprises étrangères. Il s'agira par la suite de renforcer cette intégration régionale à travers la diversification des principaux secteurs exportateurs de manière à réduire la vulnérabilité découlant de la fluctuation des prix et produits de base. La réussite de ce marché commun africain demande aussi d'engager une réflexion sur les questions de la progressivité des droits et des réductions tarifaires ciblées selon des domaines de croissance potentielle des marchés qui intéressent en priorité les pays africains (Sall 2013). C'est tout l'enjeu de l'accord de libre-échange (ZLECAF) enfin acté en mars 2018 sous l'égide de l'Union africaine. Pour aider l'Afrique à être compétitive sur le marché international, les chefs d'État africains ont fait plusieurs propositions d'accords de partenariats, d'abord le plan Oméga puis le MAP (Millenium African Plan) qui seront fusionnés pour donner le NEPAD. En 2018, le NEPAD change de nom et devient l'Agence de Développement de l'Union africaine.

Dans cette marche vers la compétitivité, le volet modernisation implique pour sa part, le dépassement des sources de rigidités structurelles fondées sur les situations de monopole et l'absence de concurrence sur certains marchés relevant de situation de fait ou d'opportunités et une rentabilité nourrie sur la rente que sur le profit. C'est cette urgence d'organisation des économies africaines qui peut tirer les entreprises et PME vers le développement. Sans elle, la faiblesse des emplois créés, le taux d'entreprises en difficulté, les sous-capacités de production continueront de freiner la croissance de nombreux pays.

Le défi de la compétitivité intègre aussi le problème d'accès à l'électricité. Presque la moitié de la population africaine en est privée. L'Afrique subsaharienne, à titre comparatif, ne produit pas plus d'électricité que l'Espagne. L'électricité, soulignait dans une interview l'actuel Président de la BAD, c'est le sang de l'économie. C'est elle qui fait tourner les économies, les affaires des PME, des entrepreneurs informels. Son déficit fait perdre à l'Afrique subsaharienne entre 2 à 4 % de PIB par an. Son coût moyen est sans commune mesure par rapport aux pays développés et grève de fait le peu de pouvoir d'achat des populations en milieu rural ou à la périphérie des villes. Les potentialités existent dont par exemple, le barrage d'Inga en République Démocratique du Congo avec une capacité de production de 44 gigawatts qui pourra en fin de construction couvrir le tiers des besoins en électricité de l'Afrique.

De même, les secteurs des énergies vertes et propres - panneaux solaires, énergie éolienne, biomasse-offrent des solutions efficaces pour l'accès à l'électrification. Les succès du projet d'assemblage de panneaux solaires à Nairobi dans la banlieue de Kibera, au Ghana ou encore le Promosol, le four solaire au Tchad montrent que les débouchés existent. Pour se rendre compte de l'importance de ce marché des énergies renouvelables, la Chine et l'Inde sont en tête de liste en termes d'investissements et d'innovation dans ce secteur. Il suffit d'engager des collaborations avec des entreprises chinoises ou indiennes pour permettre le saut technologique à même de développer des emplois et une industrie solide avec des externalités possibles dans l'industrie du bâtiment, des équipements et même de la santé. En effet, l'accès universel à l'électricité pourrait faciliter dans des villages reculés le diagnostic médical à distance. En Inde, il existe des kiosques développés par l'opérateur Neurosynaptic. Ces kiosques comme l'indique Boillot et Dembinski (2014) ont une petite installation de téléconférence audiovisuelle reliée à des téléviseurs avec une puissance de 2 watts. Ils relient des villages à des médecins qualifiés par l'intermédiaire d'une personne-ressource formée à l'utilisation des équipements et aux diagnostics de base. Plus récemment, en 2018, l'Éthiopie a lancé le « waste to energy project » qui a pour but de transformer les montagnes de déchets de la ville en énergie et en briques.

Une des leçons que la Covid-19 montre c'est l'importance du développement de la fabrication et de la production locale. Pour cela, dans un contexte où les priorités sont très larges, il convient de privilégier les agro-industries. Ce sont elles qui peuvent remédier aux perturbations déséquilibres socio-économiques causées par une forte dépendance à l'égard des importations alimentaires provenant d'autres régions du monde. Plus que jamais, il appartient à chaque pays, chaque région d'optimiser ou de renforcer ses avantages comparatifs et ses domaines d'expertise au mieux. Dans différents pays européens, les leçons de la Covid-19 sont en train d'être tirées.

La question de l'employabilité

La formation et l'éducation est une question cruciale en Afrique. La main-d'œuvre est nombreuse mais peu qualifiée. Tous les pays développés y compris certains pays émergents ont à un moment donné accentué leurs efforts dans la mise en œuvre d'une offre de formation large et adaptée. C'est un investissement dans la production de connaissances, de savoir-faire qui a permis leur saut qualitatif. L'Afrique subit trois déséquilibres dans la quête de ce capital humain. D'abord, le taux de scolarisation est faible. Plus de 5 millions d'Africains ne sont pas scolarisés selon l'OCDE. En moyenne, le nombre d'étudiants est passé de 200 000 dans les années 70 à plus de 5 millions maintenant en raison d'une augmentation de 9 % par an. Ensuite, l'offre de formation est réduite, les universités forment des étudiants en majorité en sciences sociales. Il faut admettre le boom des écoles de commerce orientées vers les métiers du tertiaire. À côté, très peu d'étudiants ont des profils scientifiques et technologiques. Les STIM (Sciences, Technologie, Ingénierie et Mathématiques) constituent le parent pauvre de la production et du partage du savoir. Seulement 22 % des étudiants africains ont une formation scientifique et 29 % des recherches scientifiques en Afrique subsaharienne sont concernées selon un Rapport de la Banque mondiale sur l'amélioration de la qualité et de la quantité de la recherche scientifique en Afrique. Il convient d'ouvrir la science à l'Afrique et de développer une économie du savoir fondée sur le libre accès et le numérique, la promotion des universités virtuelles, des MOOC mais aussi le lancement d'initiatives et de programmes dédiés comme le « Millenium science » en Ouganda avec l'objectif de former des diplômés en sciences et en ingénierie plus nombreux pour ouvrir de nouvelles perspectives de connaissances. La transformation de l'Afrique a besoin d'une masse critique de compétences professionnelles et concrètes.

Pour beaucoup de pays, il importe de développer des formations courtes, fonctionnelles et des passerelles pour que ces compétences puissent s'adapter au marché du travail et aux nouveaux enjeux posés par la numérisation de la société actuelle. Face à ce déficit de compétences, le management de transition se développe. Différents cabinets de recrutement dont Procadres International, X-PM, Skill Advisory Africa sont dans ce créneau. Il s'agit de mettre de manière temporaire à la disposition d'entreprises africaines des profils expérimentés occidentaux pour piloter et mener à bien des projets spécifiques.

1.4. Les défis de la pauvreté et de la mondialisation

La présence encore forte de la pauvreté

C'est ce qui vient à l'esprit pour le sens commun quand il s'agit de définir l'Afrique. En effet, il est vrai que la pauvreté est une notion qui n'est ni objective ni subjective mais relative selon les cultures mais aussi à l'intérieur même de chaque culture. La définition occidentale de la pauvreté procède de critères. Une telle définition selon Latouche (1998 : 111) instrumentalise la pauvreté autour d'enjeux de pouvoir et de puissance au niveau géopolitique mondial comme à l'intérieur des États. Il est possible de la retourner dans certains cas contre la logique même du système qui l'a produite aux fins d'en dénoncer l'hypocrisie. De même, dans le contexte africain, en particulier où la solidarité, l'entraide et la hiérarchie sont importantes, l'individu n'est pas isolé d'où la limite des indicateurs individuels et de la pauvreté économique. La résilience et la capacité d'adaptation des individus sont importantes. Ces considérations culturelles explicitées, il convient tout de même de souligner que de manière indéniable, la majorité des Africains sont vulnérables. En Afrique subsaharienne 41,1 % de la population africaine vivent dans l'extrême pauvreté selon un rapport de la BM en 2018 avec un revenu de 1,9 dollar. Ce rapport montre que la croissance de la pauvreté est aussi liée à des situations d'inégalités. Celles-ci se creusent entre les Africains des zones rurales et des villes, entre ceux qui vivent dans des États stables et d'autres qui sont dans des États en conflits ou plongés dans une instabilité politique, entre les hommes et les femmes, de telle sorte que les perspectives d'ascension sociale et générationnelle sont faibles. Au rythme actuel, il faudra selon Brunel (2014 : 81) vingt-deux-ans à la moitié de la population africaine pour doubler son revenu et près de quatre fois plus longtemps aux deux cents millions de personnes les plus pauvres. Autres inquiétudes, d'ici 2030, toutes choses égales par ailleurs, la pauvreté risque d'affecter le quart de la population africaine et plus des deux tiers des pauvres vivront en Afrique.

La pauvreté n'est pas non plus une fatalité, il suffit de la volonté politique et des initiatives directes pour obtenir des résultats probants. Les réussites dans les programmes et stratégies de sortie de pauvreté au Brésil et d'autres pays d'Amérique latine à travers le modèle « Conditional Cash Transfer » peuvent inspirer les dirigeants africains. Dans la gestion de la pauvreté, c'est sans doute le Rwanda qui est le meilleur élève. Il est le seul des pays africains à avoir réussi avant terme (cinq ans d'avance) les objectifs du millénaire du développement (OMD) en matière de pauvreté en réduisant de moitié le nombre de pauvres entre 1990 et 2015. Pour le Sénégal qui a lancé son programme « bourses de sécurité familiale », afin de renforcer les moyens d'existence et les capacités éducatives, productives et techniques des populations vulnérables dans toutes les zones pauvres du pays, il faudrait mieux engager ces dernières vers l'entrepreneuriat pour ne pas créer une spirale de dépendance.

En effet, d'un point de vue pratique, lutter contre la pauvreté en Afrique, c'est surtout engager la politique de l'autonomie. À ce titre, l'accès des pauvres et couches vulnérables au marché du travail est une priorité importante pour les pays africains via par exemple le microcrédit et l'entrepreneuriat. Selon l'économiste Duflo (2010 : 18), le microcrédit est un phénomène planétaire, avec 150 à 200 millions de clients, un chiffre d'affaires de 20 milliards et des taux de remboursement très élevés, souvent supérieurs à 95%. À la base de la vulgarisation de ce modèle de financement, il y a la révolution de la « Gramen Bank » de Yunus. Comme tout modèle de financement, le microcrédit n'est pas une panacée. Il est confronté selon l'analyse économique à deux types de risques : l'aléa moral c'est la situation dans laquelle l'emprunteur se comporte mal en connaissance de cause et l'anti-sélection dans le cas où il fait délibérément de la rétention de l'information face au prêteur par exemple sur les risques ou la viabilité de son projet. Cependant, le modèle du microcrédit inspiré de Yunus peut fonctionner et alimenter l'économie des pauvres : il offre la possibilité à des entrepreneurs potentiels coupés du marché traditionnel du crédit de se financer, de réaliser leur projet, de développer des opportunités économiques, d'avoir un peu plus de pouvoir d'achat. Étant donné son efficacité dans la réduction de la pauvreté réelle, les gouvernements doivent pouvoir la subventionner comme ils subventionnent d'autres infrastructures sociales. Surtout, dans le sens où ni le crédit ni l'épargne ne sont pas des instruments idéaux pour mutualiser les risques, les institutions de micro-finance doivent pouvoir s'engager dans le marché de l'assurance. Il est vrai en Afrique, l'assurance-risque n'est pas populaire. Elle est perçue comme un impôt. Développer un modèle d'assurance bon marché permettrait de couvrir des risques importants. Il faut pour ce faire communiquer sur la culture de l'assurance, les bienfaits de pouvoir bénéficier d'indemnités sécurisant en cas de pertes économiques. Une des manières de procéder serait de sortir les individus de leur forte préférence pour le présent pour les amener à voir et surtout à penser l'avenir et à anticiper et à se prémunir de ses incertitudes. C'est par la réduction de cette incohérence temporelle que la compréhension du bien-fondé d'une assurance se joue. Selon Duflot (2010), il faut pouvoir imaginer des produits incitatifs comme par exemple l'offre d'une remise de dette gratuite en cas de mauvaise récolte. À certains égards, la demande de crédit peut être conditionnée à la souscription d'une assurance selon certaines modalités.

Les auteurs de l'ouvrage « L'Économie africaine en 2021 » (ed. La Découverte) défendent l'idée d'une Afrique résiliente face à la pandémie de Covid-19. Mais jamais auparavant une crise n'avait conduit l'ensemble des pays africains dans une situation de récession si profonde en si peu de temps et de manière simultanée même si ce n'est pas forcément de façon uniforme. En effet, il a été observé, en particulier, que c'est dans les secteurs d'activités reposant sur des interactions en personne (en particulier le commerce de gros et de détail et toutes les autres activités du secteur informel, le secteur de l'hôtellerie, de la restauration et des cafés, ainsi que les activités culturelles liées à l'art et au spectacle) que les tensions socio-économiques sont plus fortes. Ces contractions d'activités concernent aussi le secteur manufacturier. Dans d'autres pays, le recul des transferts de fonds des migrants (-20 %, selon le Fonds monétaire international) et des investissements directs étrangers, les mesures voire les dépenses liées au confinement ont accéléré la crise et parfois la récession. Pour financer cette crise ou sortie de crise en Afrique, la politique de dédouanement des marchandises a été renforcée dans certains égards de manière à collecter encore plus de ressources pour alimenter les budgets nationaux. D'autres pays n'ont pas eu d'autres moyens que de s'endetter. Déjà, le montant total de la dette publique brute africaine a doublé pour atteindre, d'après les estimations, 57.6 % du PIB en 2019[4]. Malgré cela, la Zambie pourrait devenir le premier pays en défaut de paiement depuis la crise de la Covid-19. Endettée à hauteur de 12 milliards de dollars, dont un tiers vis-à-vis de la Chine, elle a du mal à faire

---

[4] https://www.lepoint.fr/afrique/covid-19-le-fmi-se-penche-sur-l-afrique-02-11-2020-2399126_3826.php#
http://www.oecd.org/coronavirus/policy-responses/l-afrique-face-au-covid-19-implications-socio-economiques-regionales-et-priorites-politiques-5b743bd8/

face à ses échéances alors que ses recettes d'exportation de cuivre notamment, ne cessent de s'amenuiser[5]. Dans ce contexte plus que jamais, la pauvreté redevient une préoccupation majeure.

Le défi de la mondialisation

L'Afrique doit-elle avoir peur de la mondialisation ? Différentes recherches montrent que la mondialisation est devenue le nouvel instrument d'esclavage de l'Afrique. Il est vrai que celle-ci opère suivant différents flux économiques, financiers, culturels et consommatoires. Elle transforme en profondeur les traditions et les cultures de consommation des pays quels que soit leur éloignement. « Toute valeur ou coutume qui contrevient au business est considérée comme dépassée et on s'empresse de la déclasser. Le raffinement et les interdits qu'on rencontrait dans chaque société humaine sont devenus incompatibles avec la civilisation du profit » (Sindayigaya 2000 : 77). Point n'est besoin de faire de l'anti-mondialisation primaire en soulignant que la mondialisation fait entrer le monde dans une ère de la marchandisation. L'économie libérale se nourrit de la perméabilité et maintenant de la destruction des frontières. Le libre-échangisme ne prospère qu'avec la diffusion de la marchandise et d'une culture matérielle globale que la levée des contraintes juridiques, douanières et même humaines sous-tend. La main invisible suffit comme mécanisme de contrôle.

De manière naïve, en effet, il y a une illusion de plus en plus partagée que la mondialisation est l'« espoir de l'Afrique, que cette mondialisation qui tue l'emploi au Nord procurerait du travail au Sud » et qu'à terme les capitaux viendraient massivement vers le Sud (Sindayigaya 2000 : 13). Il s'agit simplement d'une réorientation straté-

---

[5] https://www.lepoint.fr/afrique/covid-19-le-fmi-se-penche-sur-l-afrique-02-11-2020-2399126_3826.php

gique des entreprises dans leur gain de profit et de compétitivité. En réalité, l'attirance des multinationales et des marques mondiales pour l'Afrique est portée par le faible coût de la main-d'œuvre. Différents pays africains dont l'Éthiopie n'ont pas défini de salaire minimum. Ce salaire minimum est en moyenne en Afrique francophone de 62 358 FCFA (95 €) avec le pic le plus haut pour le Gabon (80 000 FCFA soit 122 €) et le pic le plus faible au Niger (30 047 FCFA soit 46 €). C'est un avantage concurrentiel et en même temps un appel d'air qui rend les travailleurs africains vulnérables et exploitables à merci.

Les entreprises chinoises exploitent en Afrique les mécanismes d'AGOA (African Growth and Opportunity Act) développés à la base pour permettre aux entreprises africaines de vendre leurs produits et biens aux États-Unis. Par ce biais, de nombreux pays sont devenus les usines délocalisées de la Chine, les contremaîtres chinois formés au taylorisme, imposent leur rythme et leur culture de travail sous la complicité des gouvernements locaux à des travailleurs précaires et réduits à la production en série. Dans l'industrie du textile, par exemple, la Chine a imposé à l'Afrique une nouvelle division des tâches : le coton brut est exporté en Chine, le fil et le tissu sont envoyés dans différents ateliers de confection (Nigéria, Afrique du Sud, Éthiopie…) où la diaspora chinoise opère, les vêtements produits sont réexportés dans le marché européen et américain. Ainsi, face aux motivations stratégiques de la Chine, l'Afrique ne doit pas être naïve dans la création de zones franches « qui offrent des opportunités de montée en gamme dans les chaînes de valeur et en matière de transfert de technologie », mais ne peuvent exercer « des effets d'entraînement que si elles ne fonctionnent pas comme des enclaves, si elles sont raccordées à l'économie locale par des contrats de sous-traitance et d'approvisionnement » (Jacquemot 2013 : 295).

En effet, l'une des caractéristiques de la mondialisation, c'est que les entreprises sont à la recherche d'avantages comparatifs, les pays sont mis en concurrence les uns par rapport aux autres. À certains égards, les consommateurs africains sont eux devenus la proie facile des marques globales et par l'effet de la publicité, ils se donnent l'illusion de faire comme les autres, de participer d'une même communauté de consommation. Le rôle du marketing sociétal c'est de développer notamment pour ces consommateurs pauvres, une critique de la culture de la consommation mondiale. Cette critique des phénomènes de consommation n'est pas nouvelle. Déjà dans les années 70, la critique de la culture de masse, de la manipulation des consommateurs par l'industrie de la publicité, des effets dévastateurs de la consommation ostentatoire a été entamée avec réussite par l'École de Francfort et au Centre de Recherche des Cultural Studies de Birmingham. Dans les années 2000, Baudrillard (1970) dans sa critique de la société de la consommation et plus particulièrement Lipovetsky, dans différents ouvrages posent avec acuité ce qu'il appelle l'ère du vide.

Il y a aussi le discours d'une mondialisation positive en Afrique. Dans tous les cas, l'Afrique a-t-elle le choix de se mettre en marge de la mondialisation ? Cette mondialisation démystifiée à travers l'image du I-phone à Bamako pour reprendre le titre de l'ouvrage de Chevalier (2006) est une réalité quotidienne. Beaucoup d'entrepreneurs y fondent un espoir. Ils mettent en avant l'importance des flux financiers, des hedge funds qui circulent comme symboles de la planète financière. Ils trouvent dans tous ces dispositifs de financement une opportunité pour la croissance africaine. Dans ce défi à la mondialisation, malgré l'intérêt des émergents pour l'Afrique, son projet ne doit pas être de prendre par exemple « le relais de l'Asie orientale pour fabriquer à bas prix des produits à faible valeur ajoutée exportée en masse dans les pays du Nord » (Brunel 2004 : 41). Au contraire, elle doit développer une ingénierie, faire des choix de société, des choix de politique économique, des choix de culture de consommation, des choix de partenariats.

Malgré ces défis, des solutions existent à la fois pour le développement des entreprises et des États africains. Il n'y a pas de modèle unique, mais des modèles contingents et propres à chaque situation nationale. Par exemple, le modèle de l'Île Maurice qui se situe dans une trajectoire proche des pays de l'Asie du Sud-Est et qui a un revenu par habitant cinq fois supérieur à la moyenne africaine mérite une attention particulière. Il s'agit d'un des rares pays qui a su développer une politique industrielle et marketing de montée en gamme, autour d'une économie de service en mutation (offshore financier, tourisme, services informatiques) et un système de production manufacturé de plus en plus diversifié. Chaque pays devra faire l'inventaire de ses forces et faiblesses par rapport à son environnement pour en tirer les avantages compétitifs. Dans certains pays (Côte d'Ivoire, Kenya…), le développement des agro-industries est une voie de développement à privilégier tout en promouvant de nouvelles activités productives, et entrepreneuriales.

Étude de cas 2 : Twiga Foods, une start-up qui fait bouger l'agriculture africaine

Contexte

Les solutions numériques foisonnent dans l'Est et dans l'Ouest du continent africain. Les investissements privés dans les solutions numériques pour l'agriculture se sont élevés à 47 millions d'euros en 2018 contre 400 millions d'euros pour la fintech. Un programme de l'agence française de développement (AFD) accompagne la croissance d'incubateurs sur le continent africain. C'est dans ce contexte qu'est née en 2013 la start-up de vente directe de fruits et légumes créée par le Britannique Grant Brooke. La start-up est basée au Kenya et est spécialisée dans la mise en relation de petits producteurs avec des revendeurs informels. 2600 commerçants utilisent les services de commandes et paiements en ligne via son application et 200 millions de bananes livrées en magasin. La famille Mulliez, propriétaire des grandes surfaces Auchan a injecté 4,4 millions d'euros dans la start-up. Twiga Foods fait ainsi figure d'exception. Mais le secteur est fortement concurrencé, des entreprises ont fortement investi dans "l'agritech". En effet, plus de 60 % des entreprises sont nées ces dernières années en Afrique de l'Ouest.

Une solution agricole ?

Au Togo, l'e-agri transforme le paysage agricole avec la mise en place d'une plateforme e-agribusiness. Le secteur emploie près de 60 % de la population mais il est confronté à de nombreux problèmes. Le principal, c'est la difficulté pour les producteurs à écouler leurs productions. Ils ne connaissent parfois pas leurs acheteurs et ne maîtrisent pas le cours du marché. Avec l'appli, ils ne se font plus avoir car tout est transparent.

En Côte d'Ivoire, la start-up Lono se lance dans les biopesticides où dans les énergies renouvelables à l'image de SunCulture au Kenya. De même la start-up ivoirienne Seekena propose via sa plateforme des biens et services à des prix adaptés aux agriculteurs.

Au Ghana, la start-up Esoko informe en temps réel les petits exploitants sur les prix de leurs produits et sur la météo à travers sa plateforme afin qu'ils optimisent les périodes d'arrosage ou de récolte.

Bien que les start-up soient nombreuses dans ce secteur agricole jugé prioritaire, elles sont très coûteuses en recherche et développement. À l'instar de Twiga Foods, les porteurs de projets préfèrent réduire le nombre d'intermédiaires ou imaginer des services mobiles d'informations stratégiques par SMS. La start-up Twiga Foods a décidé de s'étendre dans des activités maraîchères.

Tandis que l'Afrique de l'Est reste incontestablement la région pionnière de l'agritech du fait de son secteur agricole développé et son écosystème de start-up et de fonds consacrés à l'innovation, les choses commencent à bouger à l'Ouest. L'Organisation Internationale du cacao a dénombré sur le continent pas moins de 23 fonds dévolus à l'agriculture totalisant un capital de 252 millions de dollars. 16 d'entre eux investissent dans un à 5 millions d'euros dans les PME. De quoi préparer le terrain pour un futur boom de l'agritech continentale[6].

Section 2. Cadres théoriques pour penser la consommation en Afrique

Pour penser la consommation en Afrique, différentes théories qui regroupent divers courants de recherche se distinguent. Nous avons retenu dans cet ouvrage trois perspectives qui nous semblent les plus pertinentes en rapport avec l'approche culturelle de la consommation : la pauvreté, l'acculturation et l'effet d'origine. Pour chaque concept nous ferons l'état des recherches, montrerons comment chacune permet de comprendre des pratiques et des comportements de consommation in situ.

2.1. La pauvreté des consommateurs en Afrique

Comme nous l'avons indiqué, la pauvreté recouvre plusieurs définitions. Les approches sociologiques ont permis de faire évoluer au cours de ces dernières années cette définition. Il apparaît que le langage de la quantification ne suffit pas. Pour des économistes tiers-mondistes comme Amartya Sen, la pauvreté ne doit pas être appréhendée selon un référent comptable ou les revenus à disposition. Elle est surtout une privation des capacités fondamentales.

---

[6] *Source*: www.jeuneafrique.com/mag/8216/economie (5 septembre 2019).

L'approche par les capacités de Sen qui décrit cette perspective oriente la question de la pauvreté sur les libertés des individus et des communautés, liberté d'être et d'agir qui leur permet d'accéder à des fonctionnements spécifiquement humains. Cependant la mondialisation de la pauvreté ne doit pas cacher les figures du pauvre. La pauvreté doit être inscrite dans un contexte socio-historique et dans un cadre culturel avec des visages et des expériences vécues et incarnées.

Selon les récentes statistiques, la pauvreté semble diminuer dans le monde quand elle est mesurée en niveau absolu. À partir d'une approche relative, il apparaît, en revanche, selon Bouguignon (2015 : 77) « qu'avec un seuil de pauvreté égal à 50 % du revenu médian de la population mondiale, la proportion de personnes pauvres est encore en train d'augmenter dans le monde ». Il existe concernant l'Afrique un fait lourd de significations. Parmi les trente pays qui sont les plus pauvres du monde, vingt-cinq sont situés sur le continent africain et en termes de production de richesses, le taux de croissance annuel moyen de leur PIB par habitant depuis les indépendances est de 0.6 % selon le rapport sur *La croissance économique de l'Afrique : décollage ou ralentissement ?* de janvier 2016 du Parlement européen.

En Afrique subsaharienne, le pouvoir d'achat est limité par le taux de chômage qui touche souvent la moitié de la population en plus de l'augmentation des charges incompressibles (loyer, alimentation et plus récemment les dépenses numériques). Cette situation de fragilité sociale a conduit à des stratégies de regroupement ou de formation d'unité de consommation entre travailleurs célibataires et précaires dans certains milieux urbains. Au Sénégal, cette pauvreté des consommateurs est toute aussi réelle. Celle-ci se traduit par des actes de consommation répétés et fragmentés selon les ressources disponibles. Aussi, malgré lui, le consommateur pauvre subit le marché. Il se montre peu pro-actif. Il n'a pris la mesure de son pouvoir et du fait qu'il peut être le promoteur « de nouvelles orientations en marché » (Béji-Bécheur et Özçağlar-Toulouse 2014 : 3).

Réduire la pauvreté dans ce cas exige de l'imagination, des politiques, des interventions ambitieuses. À côté du discours misérabiliste sur la pauvreté, il faut promouvoir l'autre discours, celui sur la puissance des pauvres (Rahnema et Robert 2008). C'est ce discours qui permet la création de valeurs et d'invention de nouvelles techniques à même d'orienter les marchés et de « permettre la mise en œuvre de systèmes économiques plus durables (Béji-Bécheur et Özçağlar-Toulouse 2014). Certains chercheurs s'attaquent aux outils et stratégies de réduction de la pauvreté des organisations internationales. Mesple-Somps, (2007) souligne dans la stratégie du FMI un certain nombre de lacunes. Elle indique la « non-hiérarchisation des populations pauvres » « des politiques peu orientées vers les plus démunis » et le pari discutable d'une « croissance forte sans réduction des inégalités » d'où la difficulté de sortir de ces « trappes à pauvreté ».

En sciences de gestion, deux courants de recherche se distinguent à partir des années 2000 pour repenser le rapport entre les entreprises, le marché et les consommateurs : *l'approche Transformative Consumer Research* (TCR) et le *Bottom of Pyramid* (BoP).

En marketing, les recherches sur la transformation du consommateur (Transformative consumer research) questionnent le sens du matérialisme tandis que celles sur la transformation des services (transformative service research) considère les services qui transforment les consommateurs. Ces travaux s'ancrent dans une nouvelle perspective dessinée par les recherches de Pine et Golmore (1999) autour du bonheur. Il s'agit là d'une ambition d'inscrire de l'éthique, de la responsabilité dans le champ du marketing. Plutôt que d'être les bras armés ou la tête pensante des entreprises et des marques dans la pénétration de leurs produits, il s'agit pour ces chercheurs d'orienter leurs objectifs vers le potentiel entrepreneurial du consommateur pauvre. La *Transformative Consumer Research*, en particulier, regroupe des travaux d'un ensemble de chercheurs préoccupés par le bien-être du consommateur. Milk (2006) par exemple met en avant « les influences négatives que le monde des produits et services peut avoir sur le consommateur et sur l'environnement. Il invite les chercheurs à utiliser le champ du *Consumer Research* pour aider à améliorer la vie des consommateurs et leur façon de consommer » (Roederer et Filser 2015 : 88.) Ces chercheurs développent un discours critique sur la société de consommation dans sa forme actuelle et en particulier le système d'action concret des marchés. Ils encouragent l'éclosion de solutions participatives centrées sur l'expérience vécue par les consommateurs. Dans la lutte contre la pauvreté, ils promeuvent « l'imagination morale, la pensée systémique et le dialogue en profondeur » (Albert et Werhane 2014). Pour ce faire, selon ce courant, il importe de poser le questionnement autour de la pauvreté sur la notion de besoins, de définir l'essence des vrais besoins et des désirs des consommateurs. En outre, l'intégration des consommateurs pauvres à travers leurs compétences et leurs capacités implique que les entreprises puissent être un relais d'apprentissage des meilleures pratiques de consommation qu'un appareil productif au service d'une idéologie de la consommation. Pour les acteurs du marketing aussi, plutôt que de susciter de nouveaux besoins, il s'agit d'« adapter les services et offres en fonction de ces consommateurs en s'appuyant sur le maintien du lien social » (Gorge et Özçağlar-Toulouse 2013 :152).

Cette nouvelle perspective du marché et du marketing est la voie qui peut sauver les pauvres de la vulnérabilité sociale. En termes de déclinaison, développer une stratégie de ce type, c'est engager le dialogue avec les acteurs du secteur informel, les communautés locales, le secteur associatif, les ONG, les gouvernements afin de définir et répondre aux besoins primaires des populations. C'est en termes de production scientifique, mettre la connaissance du pauvre au-devant des enjeux de société. Il s'agit de développer toute un ensemble d'approches descendantes pour se rapprocher au plus près de l'expérience vécue par les pauvres, de comprendre leurs pratiques, les arbitrages qu'ils effectuent en termes de consommation, le rapport au marché et à la consommation. C'est enfin engager la responsabilité des entreprises, des entrepreneurs, des innovateurs dans la conception de produits et services répondant à la satisfaction de ces consommateurs pauvres. Cette nouvelle approche de la consommation qui doit être (re) pensée est appelée à couvrir plusieurs pans de l'économie, de la santé au développement durable, de l'alimentation à l'habillement. Elle sera complétée à échéance régulière par des travaux sur l'économie du bonheur combinant des approches diverses (sociologiques, psychologiques, économiques) afin de mesurer la qualité de vie, le bien-être des individus par rapport à leur propre vie. En effet, selon la TCR, ce ne sont pas les pauvres qu'il faut juger, c'est la manière dont les marchés sont organisés, existent et créent aujourd'hui les situations de pauvreté, de vulnérabilité qui est en jeu.

La théorie du bas de la pyramide insiste quant à elle sur la relation entre « entreprises et pauvretés » et les stratégies de marché à même de favoriser le développement des marchés précaires. Prahalad et Hart (2002) sont à la base de cette théorie. Selon eux, en lien avec la logique de rationalité économique et de lutte contre la pauvreté, les entreprises doivent s'engager dans les pays émergents ou pauvres, en développant des innovations ou en promouvant des modèles de production et de consommation qui s'adaptent à ces marchés et à la demande existante. Cette idée d'organisation d'un business model propre à ces économies et ces marchés pour les capturer est assumée. Elle fait écho à la recherche de nouvelles opportunités économiques dans un contexte d'hyper-concurrence sachant que ce business social est évalué à 13 000 milliards de dollars en Parité de Pouvoir d'Achat (PPA) selon Prahalad (2004).

Dans le modèle du BoP la première orientation appelée BoP 1.0 porte sur la capture des marchés. Il s'agit pour les entreprises d'optimiser l'accès et l'acceptabilité de leurs produits en pénétrant les marchés pauvres grâce à l'innovation. De nombreuses critiques ont porté sur cette première version du BoP, en récusant la légitimité économique des entreprises en matière de lutte contre la pauvreté. De manière spécifique, les critiques ont soulevé des questions éthiques liées à la « romantisation[7] » des populations pauvres (Karnani 2009) et les « dangers de la markétisation de la pauvreté » (Gorge et Toulouse 2013). À ce titre, la crainte de transformer ces pauvres et communautés vivant sous un mode traditionnel en « homo-consumericus » a été partagée, surtout que les consommateurs pauvres sont vulnérables aux stratégies marketing et dispositifs de communication développés par les multinationales en l'absence de politique de régulation commerciale dans ces pays. Enfin, certains chercheurs ont montré l'artificialité de certains marchés. Selon Simanis, (2009), ces pauvres « n'ont pas été conditionnés à penser que les produits qui leur sont proposés constituent quelque chose qui pourrait être acheté. Et ils n'ont pas adapté leurs comportements et leurs budgets de telle sorte à introduire ces nouveaux produits dans leur vie quotidienne ». Pour expliquer cette difficulté à identifier les besoins de ces consommateurs au bas de la pyramide,

[7] L'idée de Karnani est de relever que les tenants du BoP utilisent les pauvres pour asseoir la légitimité des solutions qu'ils proposent. Or, dans la réalité, cette figure de pauvres avisés, dynamiques, ne correspond pas à la réalité…

la distance culturelle des managers d'une part, et le processus d'acculturation inachevé des entreprises dans leur environnement d'autre part, sont souvent soulevés. En effet, souvent venant de pays du Nord et/ou des classes privilégiées des pays du Sud, les dirigeants de ces entreprises n'ont pas souvent la connaissance des enjeux sociaux qui se posent aux pauvres. Cependant, cette première approche du BoP malgré ces critiques a ouvert « des controverses autour des différentes conceptions des formes d'hybridation entre marché et développement » (Cholez *et al.*, 2010 : 118).

La deuxième orientation du BoP née de ces critiques est le BoP producteur appelé encore le « BoP 2.0 ». Selon Karmani (2007), ce n'est pas en vendant des produits aux pauvres qu'on améliore leurs conditions. Il s'agit plutôt de soutenir les capacités de production et les stratégies entrepreneuriales locales, de développer leurs chaînes de valeurs pour élever leurs revenus. Ce BoP 2.0 s'oriente vers la construction des marchés. Certains chercheurs affirment que la construction de ces marchés, si elle se réalise, ne peut s'opérer que dans le cadre d'une démarche intégrée, ce qui peut permettre d'éviter la confusion entre marchés et besoins. Sous ce paravent, il s'est développé tout un marché de business moral pour détourner la critique sur la maximisation du profit (Banerjee 2007). Il y a le social business, comme laboratoire d'apprentissage des stratégies de rupture (Faivre-Tavignot *et al.* 2010), la stratégie RSE-BoP en tant que voie pour l'aide au développement des pays pauvres (Payaud et Martinet 2010).

Il y a également le développement de nouveaux business models hybrides autour de partenariats entreprise-ONG sur la base d'enjeux économiques et sociaux pour accéder à toutes les couches de la population appelés BoP 3.0. À ce niveau aussi, il a été soulevé un certain nombre de problèmes pratiques pour les entreprises qui opèrent sur le marché BoP. Parmi ceux-ci, il y a eu la contradiction entre la co-création promue d'une part, et d'autre part, la nécessité pour ces entreprises de pouvoir dupliquer des projets pilotes pour atteindre le seuil de rentabilité économique.

Il est apparu en dernière analyse que les entreprises nationales étaient plus à même de réussir ce pari que les multinationales. Par exemple dans ce travail d'orientation-marché, DeBerry-Spence *et al.* (2011) proposent à Afrique de sortir des indicateurs conventionnels dans l'accès aux opportunités de marché et de se positionner dans des stratégies adaptatives à la fois sur le marché domestique, mais aussi sur le marché de l'exportation. Sur le premier marché, d'une part, ces stratégies adaptatives doivent se focaliser selon eux sur des produits usuels et enracinés ou encore trouver des usages alternatifs aux produits existants. Par exemple, affirment-ils, le mobile-bank a été dans de nombreux pays africains un moyen de transfert d'argent et d'accès au crédit et à l'épargne et a profité de la démocratisation de l'usage du téléphone portable. Aussi, poursuivent-ils, il importe dans ces cas de déployer cette logique de marché à travers des stratégies d'adaptation sur le champ de la communication, du prix et du réseau de distribution pour mieux permettre l'appropriation de l'offre de produits voire de services par les populations locales. D'autre part, sur les marchés d'exportation, les auteurs insistent sur la promotion par la valeur des ressources locales « valuing local ressources » ou encore par la performativité de la culture locale « working with local culture » en rapport aux opportunités du marché. Cependant, de manière opérante, c'est toute la question de la stratégie industrielle qui se pose pour mieux répondre aux défis de croissance de ces marchés.

D'un point de vue opérationnel, au prisme du Bottom-up, la RSE a cherché à « construire des compromis ambitieux entre viabilité économique de l'entreprise et respect des spécificités culturelles. Martinet et Payaud, (2010) en management stratégique a proposé dans un schéma directeur, un ensemble de propositions génériques prenant en considération les communautés locales dans une dynamique de co-création. Cette question de la responsabilité sociale prend forme de plus en plus mais avec des limites intrinsèques.

Étude de cas 3 : Bima, une AssurTech en Afrique : d'un basculement des pays à revenu intermédiaire aux pays à faible revenu

Contexte

Historiquement, les premières offres de micro-assurance sur mobile apparurent en Afrique du Sud et dans quelques pays d'Asie de l'Est. Depuis 2010, les 2/3 des commercialisations l'ont été dans des pays à faibles revenus. Le mobile permet de lever un certain nombre de freins perçus par les consommateurs. Tout d'abord, les offres développées par les opérateurs sont « low cost ». Elles se veulent bien moins chères que celles offertes par les assureurs classiques. De plus, ces offres sont souvent mieux adaptées aux besoins de ces derniers.

Par ailleurs, la faible densité des points d'accès physiques tels que les succursales des banques ou les distributeurs automatiques n'est plus un problème dès lors que le mobile permet d'accéder à son compte bancaire à distance. Enfin, les opérateurs se veulent plus rassurants en communiquant de manière intensive sur la fiabilité et la sûreté du service, avec la plupart du temps un engagement affiché sur le délai de traitement des demandes d'indemnisation (ex : en 48 h maximum). Le succès de l'offre de micro-assurance au Ghana résulte en bonne partie de l'alchimie créée entre Tigo (l'opérateur télécom), Vanguard Life (l'assureur) et Bima (intermédiaire fournissant notamment la plate-forme de micro-assurance sur mobile). Ensemble, ils ont noué un partenariat de distribution assez innovant pour commercialiser une offre d'assurance-vie gratuite aux clients de Tigo Ghana. En soi, la proposition de valeur est assez simple : pour s'inscrire, un client doit se rendre dans une boutique Tigo et donner son identité ainsi que celle de son co-bénéficiaire. La couverture, qui varie de 200 (50 €) à 1 000 cédis ghanéens (240 €) selon l'intensité de l'utilisation des services de voix, commence le 1er jour du mois suivant. Dans ce contrat, aucun délai de carence, aucun examen médical obligatoire ni prime à payer. Pour continuer à être offerte gratuitement, les revenus supplémentaires générés par la meilleure fidélisation des clients devaient compenser *a minima* les dépenses d'exploitation liées au service ainsi que le versement des indemnités suite à un sinistre. La couverture ne durant qu'un mois, le client est incité à rester chez l'opérateur pour continuer à bénéficier de cette offre gratuite et à maximiser ses consommations téléphoniques pour étendre ses garanties pour lui-même et son co-bénéficiaire. Enfin, l'assureur gagne accès à de nouveaux clients aux risques diversifiés.

La sécurité accessible ?

Au Sénégal aussi, « Mor, vendeur de farine de poisson à Rufisque, à une trentaine de kilomètres de Dakar, est également client de Bima. Plusieurs fois par mois, une centaine de francs CFA (quelques centimes d'euros) est prélevée sur son crédit téléphonique prépayé Tigo. Grâce à cette micro-prime, collectée au fil de l'eau de manière indolore pour son budget, il peut couvrir sa famille en cas de décès. Au départ, Mor s'est montré sceptique : « J'ai pensé à une arnaque, mais le coût était faible… Il fallait que j'essaie pour savoir si c'était sérieux. » Quand sa mère est décédée quelques mois après la souscription d'une « assurance vie » la désignant comme co-bénéficiaire, Mor a touché 200 000 francs (environ 300 euros). […] L'objectif de Bima, implanté au Sénégal depuis 2012, est de rendre l'assurance formelle accessible au plus grand nombre, y compris le « bas de la pyramide[8] ».

2.2. L'acculturation du consommateur

Il s'agit du dernier concept né des circulations, mouvements et influences actuelles notamment sous l'effet de la mondialisation. L'acculturation est un concept clé hérité de l'anthropologie. Elle définit l'ensemble des phénomènes à la base des contacts culturels directs ou indirects entraînant des changements culturels dans les modèles initiaux de l'un ou des deux groupes ou chez les deux. C'est avec Bastide, en effet, que les recherches sur l'acculturation ont permis le renouvellement du concept de culture. Il s'agissait pour lui de partir de l'acculturation pour comprendre la culture et non inversement. En marketing, l'acculturation du consommateur exprime le processus de socialisation par lequel un consommateur d'une autre culture acquiert les comportements, les savoirs, les valeurs de consommation et les pratiques culturelles du lieu d'installation. C'est un mouvement d'adaptation à un nouvel environnement culturel à travers un processus éclectique (Peñaloza 1994).

De manière spécifique, la littérature sur l'acculturation du consommateur a souvent distingué l'expérience cosmopolite des élites et expatriés mondialisés de celle des migrants en raison d'un capital culturel et économique plus élevé des premiers qui leur donne la possibilité de se soustraire à toute forme d'imposition culturelle. Dans leur acculturation au contact des sociétés européennes, les migrants provenant des pays du Sud voient, en revanche, augmenter leur vulnérabilité avec l'ouverture des économies et la spécialisation du marché du travail. Cependant d'une sous-culture

[8] Sources : https://www.finyear.com/Les-recentes-initiatives-de-micro-assurance-dans-les-pays-emergents_a35518.html
http://www.revue-banque.fr/banque-detail-assurance/article/les-services-financiers-mobiles-innovants-poursuiv

migratoire à une autre, d'un individu à l'autre, ce processus n'a pas la même profondeur. Des différences de socialisation, de trajectoires, des variables modératrices psychologiques socio-contextuels interviennent au cours de ce processus d'acculturation.

Dans la culture migratoire prégnante dans les pays subsahariens, les migrants représentent les détenteurs des modèles originaux par rapport aux contrefaçons locales. Dans leur va-et-vient entre pays d'origine et pays d'accueil, les formes d'échanges de ces migrants participent à la fois de la marchandisation du monde et de la mondialisation de la culture. Leur rôle comme agent d'acculturation est réel. Au Sénégal, par exemple, certains migrants s'exposent par leur capacité de consommation et leur supériorité matérielle. Ainsi, durant leurs vacances, « ils affichent ostensiblement leur réussite. À Touba, à Dakar ou dans leur ville natale, ils construisent une maison dite de « luxe », souvent équipée d'une antenne parabolique. Ils importent une voiture, BMW de préférence, et conservent l'immatriculation italienne ou espagnole, les fêtes familiales somptueuses… qu'ils organisent chaque année, suscitent jalousie et convoitise parmi la population non émigrée » (Robin 1996 : 26).

Cependant, les dernières recherches montrent que l'acculturation à la culture mondiale qui se dessine n'est plus le simple fait de migrants. C'est aujourd'hui une approche plus large portée par une tendance de fond globale. Ainsi, le cosmopolitisme vernaculaire porté par les migrants co-existe avec d'autres agents d'acculturation qui influencent les cultures de consommation locales. Il y a les touristes à travers leurs pratiques et styles de vie qui participent à la diffusion de la culture occidentale et à la légitimation de sa domination culturelle. Les mouvements circulatoires des élites locales, les masses urbaines mondialisées nourrissent aussi ces rituels d'extraversion, comme autant d'influences culturelles incorporées dans des rituels originaux ou dans de nouvelles configurations de sens.

Cependant, plus que jamais les identités africaines actuelles sont construites par le pouvoir des images déterritorialisées. Celles-ci concernent des médias occidentaux à travers leurs réseaux mondiaux de l'information qui par effet miroir fabriquent fortement la perception et les mentalités africaines. Par leurs séries, les émissions, les sociétés africaines consomment les modèles, les styles de vie, les valeurs occidentales qu'elles diffusent. Ce flux des images oppose de manière quotidienne des images de la mondialisation, des richesses, de l'individualiste hédonique à une culture de pauvreté, de vulnérabilité et ses fantasmes de consommation. Nombre de clivages internes à l'Afrique proviennent aussi des interprétations parfois biaisées, essentialistes, simplistes, déformant de réalités complexes de ces médias dominants. À côté de cette influence culturelle, des voix émergentes apparaissent, en particulier, les nombreuses chaînes satellitaires du Golfe avec la proposition d'un modèle alternatif à l'Occidental mais aussi le risque de propagande religieuse et de la pénétration d'une idéologie conservatrice.

Dans ce dialogue des images, il y a désormais en Afrique les émissions de télé-réalité panafricaine ou infra-nationale qui cherchent à prendre leur place dans le paysage audiovisuel. Sur le modèle occidental, certains y voient un nivellement par le bas sinon le travestissement de la culture africaine, d'autres un symbole du monde contemporain. Nollywood, dans ce champ médiatique a fait de la spécificité culturelle son créneau. Selon Severino et Ray (2010 : 155), le Hollywood nigérian produit aujourd'hui en moyenne 2 000 films par an, soit plus que Hollywood ou Bollywood. Cette industrie génère un chiffre d'affaires estimé à 300 millions de dollars par an et emploie près de 1 million de personnes, ce qui est en fait un employeur de choix dans le pays juste après le secteur agricole. Tous les thèmes de la vie quotidienne y figurent et sont abordés sans tabous. Les spectateurs africains se confrontent, à leurs traditions et, à travers leurs contradictions et problèmes. En moyenne, le tournage des films a lieu en une semaine, puis le produit est envoyé aux ateliers de copie qui abondent à Lagos. Tout un réseau de distribution formel et informel s'active actuellement autour de cette industrie. Les films sont produits et distribués à l'échelle continentale et contribuent à nourrir aussi les imaginaires des diasporas.

En dernière analyse, sous l'effet de ces différents agents d'acculturation, la fracture générique entre les migrants africains et les populations sédentaires tend à s'estomper. En effet, des recherches sous le vocable « multi-acculturation » (Figuerido et Cayla 2012) et « acculturation in situ » (Hirschman et Touzani 2011) posent l'impact dans les projets identitaires individuels et collectifs africains des ressources issues des branchements culturels inédits et transnationaux. Cette universalisation de la culture de masse a précipité l'éveil des besoins humains sous-développés et suscite un désir de consommation africaine. Elle a permis la promotion de nouvelles valeurs que les religions africaines à travers un renouveau cherchent à contenir.

2.3. L'effet du pays d'origine : quelles voies pour l'Afrique ?

La recherche en marketing sur le concept de l'effet du pays d'origine ou l'effet « made in » a été amorcée depuis les années soixante. Il s'est imposé aujourd'hui comme l'un des phénomènes les plus étudiés en comportement de consommation avec une large audience dans les revues internationales de gestion. L'effet du pays d'origine désigne les stéréotypes et l'image que les consommateurs ont sur un pays particulier et qui motivent leur décision d'achat. Il apparaît par exemple que la délocalisation de la fabrication de marques et dans une moindre mesure du design des produits vers d'autres pays peuvent avoir des conséquences négatives importantes. Koromyslov et Walliser (2001) l'ont observé par exemple pour les marques de luxe. D'une manière consensuelle, il a été prouvé que l'effet du pays d'origine influence la perception du consommateur au moins sur trois dimensions, notamment, sur la qualité du produit, le risque perçu et sur l'intention d'achat du consommateur (Touzani, Smaoui et Labidi 2015).

Il subsiste dans la littérature trois aspects de l'effet du pays d'origine sur l'évaluation du produit (Verlegh et Steenkamp 1999). D'abord, l'aspect cognitif de l'effet du pays d'origine porte sur le mécanisme cognitif à l'origine des représentations mentales des consommateurs quant aux attributs d'un produit. Le pays d'origine apparaît ici comme une source d'information sur le produit ou la marque et un signal dans l'esprit des consommateurs. Son effet est lié au concept de l'image du pays voire à la qualité d'un pays. Il s'avère en conséquence que l'effet du pays d'origine varie en fonction de la catégorie de produits considérés et du pays d'origine en question. Ainsi, souvent, les pâtes sont liées à l'Italie, le chocolat à la Belgique ou à la Suisse, les produits de gastronomie, de parfumerie, ou le vin à la France. Dans l'esprit du consommateur, ces connexions entre catégories de produits et typicité culturelle ou nationale sont liées à la réputation et au savoir-faire local. Elles fondent les stratégies des marques locales qui promeuvent des valeurs d'authenticité contre toute autre stratégie allogène d'appropriation, de commercialisation des produits liés à des terroirs particuliers. Toute une littérature liée aux valeurs du terroir développe l'idée des caractéristiques environnementales spécifiques des régions d'origine pour augmenter la valeur monétaire de leurs biens. Il n'y a qu'à observer la concurrence entre régions (marques régionales) et culture-monde (marques mondialisées) mais aussi les régions entre elles sur la fabrication de produits spécifiques, la désignation des attributs qui leur sont propres pour mesurer la guerre de compétences ou d'expertise sur des produits génériques.

Ensuite, le pays d'origine revêt aussi une dimension affective. Au-delà de l'évaluation de la qualité d'un produit, il exprime des connotations significatives, émotionnelles ou symboliques pour le consommateur. Ces connotations sont le produit d'expériences directes (vacances, interactions avec des populations de ce pays) ou indirectes (via les médias, l'art, la lecture…). Pour les populations endogènes, les valeurs du pays d'origine peuvent générer des sentiments de fierté nationale, d'ancrage d'où la possession de souvenirs personnels et de produits marqueurs de cette appartenance. Cependant, de manière spécifique, cette dimension affective est un moyen d'expression de soi, d'affirmation et d'identification. Cette possibilité de projection de soi à partir de l'image d'un pays induit des comportements et des attitudes positives vers des pays pour lesquels les consommateurs ont une grande admiration.

Enfin, l'effet du pays d'origine est lié à un aspect normatif. C'est cela qui explique que des consommateurs puissent boycotter des produits en provenance de certains pays ou soutenir des pratiques politiques, idéologiques ou pratiques d'un autre pays. Cette conscience éthique de la consommation suscite, par ailleurs, l'engagement patriotique, la responsabilité individuelle et collective de la consommation de produits domestiques afin de soutenir l'économie et la production locale. Dans les recherches autour du sentiment régional en France par exemple, cette fierté ethnique est perçue comme un vecteur de consommation culturelle. Cette volonté de défendre les produits du terroir est apparue porteuse de sens et d'un mieux vivre ensemble (Dion *et al.* 2012). Dans la représentation de l'effet du pays d'origine, ces trois mécanismes (cognitif, affectif et normatif) interagissent mutuellement. Les déterminants affectifs influencent les constructions mentales. De même, les jugements normatifs liés à la consommation ou l'utilisation d'un produit impliquent des représentations cognitives et affectives. C'est dire que l'effet du pays d'origine est un processus complexe et multidimensionnel. Il est tout aussi contingent et évolue dans le temps.

Labidi, Smaoui et Touzani (2012) distinguent trois phases dans les approches théoriques portant sur l'effet du pays d'origine. La première phase est caractérisée par des approches uni-critères où le pays d'origine est l'unique stimulus du comportement d'achat ou d'évaluation. La seconde phase a concerné des études multicritères, le pays d'origine était combiné avec d'autres attributs tels que le prix ou la marque. À la différence de la première phase simpliste, les critiques sur la seconde phase ont porté sur l'abus d'échantillons de convenance et le manque de rigueur scientifique des travaux. Enfin, les dernières recherches ont redéfini l'effet du pays d'origine en partant des flux de la globalisation de la production et de la commercialisation actuelle. En effet, plusieurs pays d'origine peuvent être concernés par la fabrication d'un seul produit étant donné la fragmentation des marchés d'où des raccourcis, des imaginaires, des représentations que le consommateur, à tort ou à raison, peut avoir sur le marquage d'origine de certains produits. Ces produits hybrides fondent le scepticisme des consommateurs et nourrissent le cynisme des marques. Pour clarifier le champ de l'effet du pays d'origine, Thakor et Kohli (1996) ont proposé le concept de *brand origin* (lieu où la marque est considérée comme originaire par ses consommateurs cibles), Lim et O'Cass (2001) de *culture of brand origin* (lieu portant la culture d'origine de la marque), Urien (2002) de *country-of-origin-image* (lieu d'origine réel ou irréel perçu par les consommateurs). D'autres recherches dans une perspective stratégique ont cherché à décomposer le concept. Chao (2001) distingue le pays de design, le pays des pièces détachées, le pays d'assemblage tandis que Chen (2004) différencie le pays de la marque du pays de fabrication.

Il n'en demeure pas moins qu'une perception critique émerge des récents travaux. Quelle est la limite du pays d'origine étant donné les expérimentations tous azimuts dont il fait l'objet s'interroge Johansson (1993) ? Quelle place tient le pays d'origine dans des économies mondialisées et délocalisées se demandent Prendergast et Phau (2000) ? Ne faudrait-il pas selon Usunier (2003) s'intéresser davantage à l'origine perçue de la marque qui paraît plus pertinente pour comprendre le comportement du consommateur ? Aussi met-il en avant les notions d'image d'origine et de l'appellation d'origine. Somme toute, dans les pays industrialisés, où l'effet du pays d'origine a été le plus étudié, les consommateurs préfèrent les produits locaux ou domestiques aux produits importés. Les produits du pays d'origine sont perçus comme des réducteurs de risque en raison d'une meilleure confiance sur leur label surtout si les informations et les attributs extrinsèques du produit étranger sont méconnus.

Dans les pays en développement, les recherches ont tendance à montrer que les produits provenant des pays développés bénéficient d'un préjugé et d'une évaluation positive par rapport à ceux produits localement. L'effet "made in" influence fortement la décision d'achat des consommateurs africains. Cette prédisposition ou ethnocentrisme inversé pour utiliser le terme d'Agbonifoh et Eliminiam (1999) est liée à la perception de qualité supérieure des produits de pays industrialisés, la qualification de la main-d'œuvre, le niveau de développement socio-écono-mique, technologique et un système culturel qui s'impose comme une référence. Cette confiance sur les produits occidentaux fait qu'ils sont perçus comme meilleurs, novateurs et modernes. À certains égards, l'origine importée d'un produit suffit pour fonder la préférence de cette marque. Cette image positive des produits importés sur la production locale est liée à la croyance du respect de normes et standards de production et de commercialisation d'une part, et d'autre part, à une maturité dans les systèmes de contrôle du marché international (Saffu et Scott 2009). Au Sénégal, d'ailleurs, on oppose souvent les importés (quelle que soit la catégorie de produits) et la production locale.

Derrière ces comportements de consommateurs de pays en développement, différentes sources d'explications se distinguent : l'imitation d'un style de vie, de valeurs de consommation occidentales, la rareté et le prestige de ces marques internationales, leur qualité distinctive. En clair, les significations symboliques de ces produits l'emportent sur la consommation de produits locaux. À travers leur consommation et leurs possessions, les individus cherchent à se différencier des autres. Ils font prévaloir leur modernité, leur intégration dans la consommation mondialisée. Ils défendent leur statut social et leur place. Ils s'attribuent les valeurs de ces marques. Ils consomment le sens de ces produits. Cette consommation de marques et produits de la mondialisation s'adosse sur les flux culturels et consommatoires mondialisés. Les consommateurs des pays en développement en accédant à un niveau de vie et un pouvoir d'achat supérieur en l'absence d'une culture de consommation authentique se socialisent dans leurs pratiques de la consommation à travers ces références occidentales. Cette orientation des consommateurs a favorisé dans de nombreux pays africains, la perte de confiance, la faible identification ethnique des biens de consommation locaux.

La profondeur de tels comportements dépend de spécificités socio-historiques voire culturelles. Les pays colonisés en raison d'une domination culturelle postcoloniale manifestent la plus grande ouverture par rapport aux produits industrialisés et l'idéalisation de l'ailleurs. La fierté culturelle, le patriotisme, la consommation ethnocentrique sont des valeurs moins enracinées. Le complexe du colonisé demeure d'où un sentiment d'infériorité qui au-delà des attitudes se traduit dans les comportements de consommation réels. En outre, la familiarité avec ces pays anciennement dominés en raison des flux et échanges multiples avec les pays dominateurs nourrit cet ethnocentrisme inversé. En effet, la familiarisation en tant qu'ensemble de connaissances qu'un consommateur possède sur un pays et qui sont organisées sous forme de schémas cognitifs dans la mémoire de ce dernier (Lee et Ganesh 1999) est une variable modératrice de l'effet du pays d'origine.

Encadré 1 : L'effet du pays d'origine ou le "made in" sur le comportement du consommateur africain

Dans ce contexte africain, Tsapi *et al.* (2009) ont fait ressortir, à partir d'une enquête quantitative sur la perception de la qualité du vin dans le contexte camerounais, une prédominance de la consommation endogène sur le bas de gamme. L'attribut du pays d'origine prévaut sur le haut de gamme et pour les vins espagnols. Aussi, certaines marques locales, pour contourner cet effet du pays d'origine à leur bénéfice, utilisent des noms de marque à consonance occidentale en cherchant à profiter de l'image, des attributs rattachés à ces produits. Au Sénégal aussi, la consommation locale souffre d'un déficit d'interculturalité (Dankoco 2006) d'où l'échec des différentes politiques de « consommer local » initiées après la dévaluation du Franc CFA en 1994. Encore aujourd'hui, des mobilisations se font sous cette thématique du consommer local sous la houlette d'ONG, mais les résultats restent timides. Il s'agit plutôt de projets périphériques, sans effet d'entraînement sur les habitudes locales. En outre, le fait que les pratiques du marketing soient faibles voire méconnues dans les PME locales déjà fortement centralisatrices (Dankoco et

Harouna 2009) en décalage avec l'attitude des consommateurs fortement orientés vers la perception n'arrangent point les choses. L'industrie et la promotion des céréales locales se trouvent ainsi victimes de « mauvaises perceptions de son utilité, de sa qualité et des valeurs traditionnelles et familiales » (Diop-Sall 2009). La forte préférence des marques internationales au détriment des marques locales (Ouattara 1991) nécessite d'intégrer des efforts marketing dans les approches des entreprises africaines. Néanmoins, dans la géographie africaine, dans l'attitude par rapport à l'effet du pays d'origine, il subsiste un contraste dans l'acceptation locale de ces produits locaux entre les pays anglo-saxons et les pays francophones. Les premiers se montrent plus ancrés dans leur patrimoine culturel et ont davantage permis l'éclosion d'une industrie locale fondée sur des richesses et traditions séculaires. Il y a une identification culturelle plus forte et une fierté culturelle signe d'une émancipation que les pays francophones tardent encore à manifester. Ils sont victimes d'un complexe culturel et d'une domination culturelle significative qui les empêchent de se considérer comme producteurs de culture. L'authenticité de soi et de la création locale a du mal à s'exprimer, s'inventer, trouver sa place et son marché.

Plusieurs options se dessinent pour contourner les contraintes de l'effet du pays d'origine. D'un point de vue macro, il convient de travailler sur des dimensions économiques et organisationnelles de manière à pouvoir développer des liens avec des partenaires industriels et commerciaux divers. Il s'agit à travers le management de la qualité, la promotion du développement économique et humain de faciliter l'affinité culturelle avec des pays tiers. C'est cette congruence managériale et philosophique qui explique le choix de nombreuses entreprises occidentales et surtout américaines dans leurs relations d'affaires avec des entreprises du Sud.

Au niveau micro, l'objectif doit être orienté vers la transformation des variables individuelles, sociales et culturelles des consommateurs. En effet, la culture influence fortement l'évaluation d'un produit. De nombreuses recherches abordent ce lien entre effet du pays d'origine et l'impact de la culture (Sharma 2011). Dans les pays africains, la dimension philosophique, citoyenne et patriotique dans les pratiques de consommation doit être engagée. Tout un ensemble de techniques marketing d'accompagnement, d'incitations politiques à la consommation de produits du terroir doit être encouragée. Des prix pour encourager les meilleurs producteurs, les meilleurs transformateurs, le développement de laboratoires pour engager et partager les contrôles qualité des produits, la compréhension des goûts des consommateurs peuvent permettre de renverser la dynamique d'extraversion de la consommation locale.

Au final, ces théories montrent une certaine vulnérabilité des consommateurs africains. Cette vulnérabilité tient à des facteurs internes aussi bien qu'externes. Le consommateur africain est livré à ses paradoxes, ses influences et ses désirs.

Encadré 2 : L'effet "Made in" des produits sur la perception des consommateurs africains

L'étude réalisée sur la perception de quatre catégories de produits de grande consommation (savon, bière, wax et riz) en Côte d'Ivoire montre que :

Les marques nationales de savon (BF et Belivoire) et internationales (Monsavon et Lux) sont perçues différemment par les consommateurs ivoiriens sur les quatre dimensions suivantes (douceur, naturel, traitance et parfum). Les profils perceptuels des marques internationales et nationales font apparaître des différences importantes sur les dimensions "douceur" et "naturel". Même si les consommateurs ivoiriens ont la même perception pour les dimensions "traitance" et "parfum" pour les catégories de marques. Ils considèrent, par contre, que les marques internationales sont mieux appréciées sur les dimensions “douceur” et “naturel”.

Pour la bière, les marques internationales (Guiness et Heinken) enregistrent les scores les plus élevés sur la dimension “réputation”. Alors que les marques locales (Bock et Mamba) sont jugées étant meilleures sur la dimension “convivialité”.

Pour le pagne Wax, les marques locales et internationales sont perçues différemment au niveau de leur qualité, de leur réputation et de leur facilité d'utilisation. Le Wax Hollandais est considéré comme une marque de grande “qualité” qui confère à celui qui le porte un certain “prestige”. Il s'agit d'une marque distinctive et utilisée par les consommateurs qui désirent se différencier des autres. Alors que le Wax ivoirien est perçu comme une marque de moindre qualité mais d'une grande facilité d'utilisation.

Les marques de riz thaïlandaises et américaines sont jugées “esthétiques” par les consommateurs ivoiriens. Quant au riz de marque locale “Saka”, les consommateurs estiment qu'il a une réputation certaine. Ceci est un résultat intéressant dans la mesure où ce produit fabriqué en Côte d'Ivoire est perçu comme consommé à l'étranger[9].

[9] *Source* : Extrait tiré de l'article de Ouattara A. (1991), « La perception des produits de grande consommation par les consommateurs africains: une mesure de l'influence de l'origine des produits », *Revue Française de Marketing*, no 134, volume 4 : 83-94.

CHAPITRE 2

LES MOTEURS DE LA CONSOMMATION AFRICAINE

La croissance africaine est soutenue depuis les années 2000 par trois leviers : les matières premières, la consommation ou la demande intérieure et la construction d'infrastructures et des grands travaux avec une participation d'un tiers pour chaque composante. Pour McKinsey Global Institute dans son rapport l'heure des Lions : L'Afrique à l'aube d'une croissance pérenne, « la croissance à long terme de l'Afrique va reposer davantage sur des ressorts internes : des tendances sociales et démographiques interdépendantes qui vont entraîner de nouveaux moteurs de croissance domestique. Les principales sont l'urbanisation et l'ascension des consommateurs africains des classes moyennes ». Dans ce chapitre, nous avons choisi de mettre en avant certains moteurs de la croissance africaine : la classe moyenne, les femmes et la jeunesse, mais aussi le secteur informel étant donné sa dynamique et son sens de la créativité, les femmes et les diasporas.

Section 1. L'essor de la classe moyenne en débat

La classe moyenne mondiale est l'espoir des économies contemporaines. Elle connaît une croissance dynamique et permet par sa consommation et son accès à de nouveaux biens de consommation et d'équipement de nourrir la croissance de nombreuses économies. Au moment où en Afrique, la place de cette classe sociale est en débat, en Occident, il est question de déclassement social. La classe moyenne des pays émergents et de l'Afrique constitue une opportunité de croissance et offre des solutions de construction de marché et d'extension de marché notamment pour les entreprises engagées dans le marketing international (Cavusgil 2018).

1.1. Mondialisation et chassé-croisé des classes moyennes

La classe moyenne mondiale est le signe du progrès des temps modernes. Selon les dernières estimations, elle est évaluée à 1.7 milliard de personnes. Selon l'OCDE, elle sera de 3.2 milliards en 2030. Cette classe moyenne mondiale si largement dénommée n'est pas homogène. Même, au sein des pays de l'OCDE, ces classes moyennes n'ont pas la même participation dans les économies de ces pays. En France, par exemple, le concept de la classe moyenne date des « Trente Glorieuses ». Mais les frontières de cette classe sont variables. Il existe des définitions suivant les catégories professionnelles, les écarts de revenus sachant que la composition du foyer, le patrimoine, le nombre d'enfants sont aussi des données significatives. Entre l'Insee qui utilise la notion de décile appliquée au niveau de vie et l'Observatoire des Inégalités qui mobilise les revenus salariaux, les bornes sont distinctes. Même, au niveau des économistes, les approches sont distinctes. Maurin et Goux (2012) notent l'émergence de nouvelles classes moyennes. Ils situent cette hyper classe moyenne au carrefour de la classe bourgeoise et prolétaire. Cette classe couvre pour eux 60 % de la population active. Surtout les auteurs déconstruisent le mythe du déclassement de la classe moyenne. Les déclassés constituent 13.5 % de ce groupe contre 46 % d'ouvriers et d'employés par le fruit de l'ascension sociale. Ils montrent ainsi que plus que jamais, la classe moyenne française regroupe des salariés proches du revenu médian. Cette analyse va à l'encontre de celle du sociologue Peugny (2009) qui évoque la fin de la « moyennisation des esprits » et souligne le processus en continu du déclassement subjectif et objectif des Français. D'autres économistes dont Landais, Piketty et Saez (2012) à partir de la répartition des revenus permanents en 2010 considèrent que la population de 18 à 65 ans en situation de travail à temps plein est au moins à 80 %. Ils estiment que la classe moyenne française couvre 20 millions de personnes touchant entre un revenu brut de 30 000 à 35 000 euros annuels. Au sein de celle-ci, ils distinguent, les classes moyennes aisées (4.5 millions de personnes) et celles très aisées (0.5 millions de personnes).

À une autre échelle géographique, Lorenzi et Berrebi (2014 : 89-90) montrent que la classe moyenne chinoise est différente à la fois de celle européenne et américaine. Celle-ci est définie selon trois critères : la possession d'un revenu mensuel d'au moins de 5 000 yuans, la réussite professionnelle matérialisée par le statut de propriétaire ou de gestionnaire dans des entreprises et institutions publiques ou privées et la détention d'un diplôme universitaire. Surtout, elle prospère en raison des opportunités de développement personnel qu'offre la société chinoise. Mais elle ne vit pas selon les mêmes standards que la classe moyenne occidentale. C'est dire qu'il n'existe pas une classe moyenne mondiale mais plusieurs classes moyennes ou une classe moyenne mondiale plurielle. Cependant, c'est en Asie que la progression des classes moyennes est la plus dynamique. Celle-ci devrait représenter les deux tiers de la classe moyenne en 2030.

1.2. L'émergence de la classe moyenne africaine : utopies et réalités

En Afrique, la notion de classe moyenne est floue et peu opérationnelle. Elle recouvre de manière hétérogène à la fois les nouveaux riches, les populations qui sont sorties de la pauvreté mais qui restent exposées à un déclassement et la classe de la « petite prospérité » qui souvent cumule plusieurs activités entre le formel et l'informel. Cette élasticité de la classe moyenne africaine est liée au périmètre de la définition. Faut-il considérer les revenus et le patrimoine ? Le statut social ? Les pratiques ? Les hypothèses se bousculent. L'une des caractéristiques qui semblent communes à cette classe moyenne africaine c'est le besoin de transmission d'une éducation, d'un patrimoine et d'un meilleur départ dans leur vie à leur progéniture. C'est enfin la possession d'une certaine culture matérielle qui permet de marquer sa distinction.

Identification de la classe moyenne par les revenus monétaires

Dans son ouvrage *Africa Rising*, Mahajan (2008) indique que la classe moyenne africaine serait comprise entre 15 et 300 millions de personnes. L'estimation de la classe moyenne africaine divise les experts. Selon la BAD, dans une étude publiée en octobre 2015 couvrant une période de 20 ans dans 37 pays et 800 000 ménages, un Africain sur trois ferait partie de cette catégorie. Ainsi à partir d'un critère de revenu compris entre 2.2 et 20 dollars, la BAD estime cette classe moyenne à 320 millions de personnes soit 34 % des 1.1 milliard d'Africains. Outre les revenus selon les standards médians africains, la BAD dans son modèle a pris en compte l'accès à l'eau potable et à l'électricité, la possession de biens de consommation (réfrigérateur, téléviseur, voiture), le type d'habitation et le revêtement du sol. Cette étude subdivise la classe moyenne en trois groupes : le premier groupe concerne les personnes qui viennent de sortir de la pauvreté et commencent à disposer d'un certain pouvoir d'achat. Cette classe moyenne flottante constituerait la majorité de la classe moyenne africaine. Elle regroupe 200 millions de personnes qui vivent avec 2 à 4 dollars par jour. Le second groupe appelé la classe moyenne inférieure compte 80 millions de personnes et dispose de 4 à 10 dollars par jour. Enfin, la classe moyenne supérieure est estimée à 40 millions avec un revenu entre 10 et 20 dollars par jour. Enfin, cette étude fait ressortir que les pays ayant un secteur privé plus dynamique comptent la plus forte proportion de classe moyenne. Ainsi, la géographie africaine de cette classe moyenne montre une proportion plus importante en Afrique du Nord (77 %) suivie de l'Afrique Centrale (36 %). Puis viennent à égalité l'Afrique du Sud et l'Afrique de l'Ouest (34 %) et enfin l'Afrique de l'Est avec à peine un quart de la population. D'autres recherches montrent que la densité de la classe moyenne dans certaines régions africaines est liée à l'urbanisation et dans une large mesure au dynamisme du secteur public. Cependant les économies budgétaires engagées par différents États pour réduire leur déficit rendent le statut des fonctionnaires de plus en plus fragile. En définitive, cette définition peut être confrontée avec celle de l'étude de l'institut de sondage IPSOS en France et le cabinet de conseil Bearing Point sur la classe moyenne africaine réalisée pour le compte du groupe CFAO spécialisé dans le secteur de la distribution en Afrique.

Encadré 3 : La classe moyenne africaine selon l'IPSOS et le cabinet de conseil Bearing Point

Selon cette étude, les habitudes de consommation de la classe moyenne africaine sont spécifiques. Sur la base de plus de 4 000 questionnaires et d'enquêtes sociologiques dans cinq pays moteurs de la croissance en Afrique :

Maroc, Côte d'Ivoire, Cameroun, Kenya et Nigéria, les auteurs du rapport ont commencé par délimiter une classe intermédiaire entre riches et pauvres, d'où la détermination de bornes en matière de revenus. Ces bornes ont été entre 25 \$ à 60 \$ par ménage jour pour le Maroc, car bénéficiant d'un niveau de vie supérieur et entre 15 \$ à 60 \$ pour les autres pays. Cette étude estime que la classe moyenne représente 13 % de la population africaine soit 143 millions de personnes. Celle-ci va continuer à progresser pour atteindre 224 millions d'individus en 2040 contre 78 millions en 2010. En particulier, cette étude montre que celle-ci est caractérisée par un revenu stable. Ses membres sont sortis d'une logique de survie. Ces nouveaux consommateurs se démarquent par leur capacité à épargner. Environ 75 % déclarent mettre chaque mois de l'argent de côté. Cette épargne permet les investissements dans l'éducation de leurs enfants. Elle s'enracine aussi dans la peur du déclassement surtout étant donné l'instabilité du contexte politique dans certains pays. Ces consommateurs ont aussi une consommation plus sophistiquée. Ils ne consacrent que 25 % de leurs budgets à l'alimentation contre 50 % pour les autres populations. Ils développent de nouvelles habitudes de consommation. Celles-ci touchent à la technologie et au projet immobilier en particulier. En revanche, ces populations continuent d'être attachées aux marchés et commerces de proximité pour leurs courses hebdomadaires. Enfin, cette étude distingue la classe moyenne basse vivant entre 12 et 25 dollars par jour et la classe moyenne haute qui concerne les ménages disposant entre 25 et 50 dollars par jour[10].

Cependant, ces projections sur la classe moyenne africaine restent fragiles en raison notamment de l'incertitude des équilibres socio-économiques. En effet, plus qu'ailleurs « le poids du secteur informel en termes d'emploi, le faible

[10] Source : Adapté de *Jeune Afrique* 30 octobre 2015.

taux de diplômés de l'enseignement supérieur et la moindre consommation ne correspondent pas à l'acception traditionnelle de « classe moyenne » susceptible de stabiliser une forte consommation intérieure et une croissance pérenne » (Lorenzi et Berrebi 2014 : 87). En outre « le caractère non fiable des répertoires professionnels, la multitude d'activités inconnues en Occident et le poids de la pauvreté rendent difficile la classification des personnes dans la classe moyenne » (Daziano, 2014).

En dehors de cette représentation statistique, l'observation sociale montre que cette classe moyenne se distingue par son inscription urbaine. De ce fait, elle s'est construite et délimitée dans les grandes capitales africaines où on observe des îlots de prospérité et de privilégiés bénéficiant des appartements, des centres commerciaux, des équipements de loisirs à proximité et de plus en plus de sociétés de gardiennage et de sécurité chargées de veiller à leur entre-soi. À côté des quartiers résidentiels, des habitats sociaux promus par des nouvelles politiques d'aménagement et des quartiers populaires dans des lotissements spontanés et sauvages constituent le dernier stade de formation des villes africaines.

Identification de la classe moyenne par la consommation

L'avènement d'une classe moyenne africaine est, somme toute, censé nourrir des externalités et un cercle vertueux avec un effet d'entraînement pour les économies africaines. Celle classe moyenne devrait soutenir la croissance africaine et favoriser la création d'un marché intérieur dynamique. De nouveaux services, infrastructures, équipements devraient se développer. Selon certains chercheurs, cette classe moyenne africaine naissante est soutenue par une confiance dans l'impulsion économique et l'« impact déterminant du développement démographique et économique de l'Afrique » (Lorenzi et Berrebi 2014 : 90). Banerjee et

Duflo (2008) ont observé la manière dont les classes moyennes dans des pays à faibles ou à revenus intermédiaires consomment et dépensent leur argent. Leur étude s'est basée sur un corpus d'enquêtes auprès de ménages englobant un échantillon représentatif de pays. Ces chercheurs sont parvenus à la conclusion classique que la part du budget allouée aux dépenses alimentaires diminuait avec l'augmentation du niveau de vie de ces familles. En revanche, ils ont observé la croissance du budget consacré aux loisirs et pratiques culturelles tandis que celui lié à l'éducation restait stable. En Afrique, la classe moyenne se caractérise par une nouvelle manière de consommer. Il y a une tendance à la différenciation qui a nourri le développement de toute une industrie de commercialisation de nouveaux produits. Cette nouvelle consommation mondialisée a installé une « déconnexion entre le désir du consommateur et ses revenus » (Daziano 2014).

Focus sur des figures de la classe moyenne : les *Black Diamonds* et les cols blancs Kenyans

Les *Blacks diamonds* en Afrique du Sud sont les principaux bénéficiaires du *Black Economic Empowerrment* d'après l'apartheid. Cette nouvelle catégorie sociale représente près de 2.6 millions de personnes soit 12 % de la population noire. Selon Severino et Ray (2010 : 115), sans renier leurs towsnships, leur milieu d'origine, ils ont, à la faveur d'une ascension résidentielle, déménagé pour l'essentiel dans les banlieues branchées des grandes villes du pays. Ils font leurs courses les week-ends dans des centres commerciaux de plus en plus grands selon le modèle américain, font les magasins, déjeunent dans des restaurants, découvrent la cuisine du monde. Leur pouvoir d'achat en hausse marque l'ère de la bourgeoisie noire. En effet, les *black diamonds* possèdent 10 % des entreprises sud-africaines. Ce rééquilibrage de l'économie leur a été favorable. Chefs d'entreprises et figures du nouveau capitalisme, cadres dans des services publics ou privées, entrepreneurs, figures intellectuelles, ils sont courtisés par les grandes marques, les banques, les assurances. Les uns épargnent, sécurisent leurs affaires, préparent l'avenir de leurs enfants, investissent dans leurs études à l'étranger ; les autres sont pris par la frénésie d'une nouvelle consommation. Cette revanche de la consommation est totale. Ils affichent avec ostentation leur réussite, montrent fièrement leur culture matérielle, font de la surenchère à travers une forme de compétition statutaire. Entre ces deux catégories, d'autres individus se situent dans le champ de la mondialisation ; ils font partie du cosmopolitisme d'aéroport décrit par Wolton (2003). Ils voyagent à travers le monde à la recherche d'opportunités, créent des entreprises, développent des affaires, créent un réseau transnational, dialoguent avec des milieux d'affaires et constituent les nouveaux visages de l'Afrique qui se modernisent et s'acculturent aux branchements contemporains.

Les cols blancs Kenyans bénéficient aussi d'une embellie économique. La croissance annuelle dans ce pays a été en moyenne de 5 % depuis le début du siècle. Environ 4 des 37 millions de Kenyans feraient partie de la classe moyenne, soit la proportion la plus importante en Afrique selon Severino et Ray (2010 : 116). Les archaïsmes sont devenus de vieux souvenirs. « Car ces millions de cols blancs ne s'identifient plus à leur appartenance à telle ou telle ethnie, mais par le travail qu'ils exercent, les marques qu'ils achètent et l'école à laquelle, ils envoient leurs enfants. Les mariages interethniques se multiplient, alors que beaucoup d'entre eux n'hésitent pas à donner leur vote à un homme politique qui n'est pas de leur communauté. Coupée dans sa lancée, heurtée dans ses idéaux, handicapée dans ses affaires, la classe moyenne ne n'est pas pour autant laissé faire : c'est elle qui a fait pression sur les principaux partis politiques pour que cesse la violence [post-électorale de janvier 2008] et débutent les pourparlers » (Severino et Ray 2010 : 116). Les *Blacks diamonds* sud-africains comme les cols blancs kenyans partagent cet idéal de consommation, de modernité, de bien-être.

1.3. Les travers et défis de la classe moyenne africaine

Le développement de la classe moyenne africaine s'accompagne aussi d'effets pervers. Ceux-ci portent sur l'effervescence et la frénésie de la consommation avec des conséquences économiques et sociales. D'abord du point de vue des consommateurs, cette nouvelle consommation a suscité le surendettement des foyers. Les profiteurs ce sont surtout le marché du crédit. Fin 2013, la banque d'investissement américaine Goldman Sachs notait par exemple en Afrique du Sud qu'après deux décennies de démocratie sud-africaine, l'endettement des ménages se chiffrait à 75 % de leurs revenus disponibles, contre 57 % en 1994. Cette tendance au surendettement personnel s'explique par l'essor du marché des prêts sans garantie et à risque portant sur de petites sommes à courtes durées moyennant des taux d'intérêts élevés. Ces prêts concernent aussi les crédits de consommation, les prêts hypothécaires. Certaines banques se nourrissent de ce marché du crédit. D'autres dont l'*African Bank Investments Limited* (ABIL), spécialisé dans les prêts sans garantie a été en août 2014 placé sous la tutelle de la banque centrale du fait de pertes record (529 millions d'euros) et un déficit de fonds propres (600 millions). La banque centrale sud-africaine a dû procéder à son sauvetage bancaire, ce qui montre la fragilité du système. De même des multinationales font leur arrivée sur ce marché africain. Certaines connaissent leurs premières désillusions dont Nestlé, le géant de l'agroalimentaire qui, après avoir investi1 milliard de dollars (plus de 900 millions d'euros) depuis 2010 sur des marchés africains pour conquérir de nouveaux consommateurs africains, s'est engagé à réduire ses effectifs de 15 % en raison de ces résultats décevants.

Les défis de la classe moyenne africaine

Il apparaît qu'il y a plusieurs classes moyennes en Afrique. Il s'agit pour certains chercheurs d'une classe sociale qui profite d'un simple rattrapage des économies occidentales et d'une croissance rapide sans distribution égalitaire de la richesse comme dans le cas de la Chine. Le comportement de la classe moyenne vis-à-vis de l'éducation et de la consommation ne « coïncide pas avec l'idée que l'on se fait d'une classe moyenne qui tire la consommation et la croissance intérieure » Kharas (2010 : 113). En prenant l'exemple de la Corée et du Brésil, Kharas (2010) l'auteur du rapport de l'OCDE sur les classes moyennes montre que dans les années 60, ces deux pays avaient un taux de croissance et un niveau de revenu identiques. Dans les années 80 au Brésil, seule 29 % de la population faisait partie de la classe moyenne en raison des fortes inégalités contre 53 % en Corée. Une classe moyenne plus importante a ainsi permis à la Corée de passer d'une économie tirée par l'exportation à un pays dont la croissance repose sur la consommation intérieure. C'est cette transition que n'a pas su opérer le Brésil.

L'idée de classe moyenne africaine sans idéologie enfermée dans une logique de conservation de soi n'est pas souhaitée. L'observation de la classe moyenne africaine montre un besoin de s'inscrire dans une certaine modernité occidentale, de consommation destructrice, d'affirmation d'une culture de la distinction. Les logiques de solidarité et d'endettement collectif sont de plus en plus repoussées. Partout se développent dans les lieux de formation et de résidence de cette nouvelle classe sociale, des stratégies d'évitement ou de compromis pour se mettre à distance des valeurs et traditions culturelles qui promeuvent le partage et la solidarité. Fortement acculturée, la classe moyenne se déconnecte de l'Afrique, de son esprit de solidarité, de son idéal de partage. À côté de la société civile dont l'autonomie et la conscience critique est de plus en plus étouffée par la gouvernementalité, il importe que la classe moyenne africaine s'engage davantage dans les mobilisations politiques et sociales. Elle reste encore peu contestataire, doublée par des mouvements périphériques et des réseaux altermondialistes. Elle doit assumer sa place, comme au Kenya, demander des comptes, exercer un contrôle citoyen sur les décisions politiques et la gestion des finances publiques des États. Elle doit porter haut la voie de la modernité africaine et faire preuve d'engagement patriotique. Elle doit enfin davantage aider à lever voire à dépasser les fractures idéologique, ethnique, géographique, culturelle qui apparaissent dans certains pays et handicapent la construction d'un idéal commun autour d'aspirations fortes.

Section 2. Les femmes et les jeunes producteurs et cibles de l'industrie de la consommation

Au fil des années, les femmes ont vu leur rôle évoluer dans la société. Elles sont devenues aujourd'hui de grandes actrices dans la création de richesses. Elles entreprennent dans des secteurs prioritaires tels que l'agriculture et les services de base avec l'appui parfois des organisations internationales dans les projets ou programmes de développement. Elles profitent aussi de la démocratisation croissante du digital qui leur permet de réinventer leur rôle et leur place dans la société.

Les jeunes sont aussi un enjeu important pour la consommation africaine. Ils sont acteurs économiques, mais aussi politiques.

2.1. Les femmes, moteur du développement

2.1.1. L'émergence de la culture entrepreneuriale chez les femmes en Afrique

Les femmes en Afrique ont toujours eu un rôle dans la sphère économique. Dans la société traditionnelle, les femmes rurales avaient des activités agricoles et commerciales qui leur permettaient de subvenir au besoin de leurs familles. En effet, la répartition des rôles dans la société africaine a conduit à une orientation des rôles basée sur une division sociale des tâches. Cette spécialisation des rôles dans la famille en Afrique a fait l'objet de recherche en marketing (Dankoco 1996 ; Diop 2005). Des chercheurs comme Assaël (1987) ont montré qu'en plus de l'attribution de rôles traditionnels dans la société (rôle instrumental et rôle expressif), la répartition des rôles dans la famille dépend fortement du type de produit. Dans la famille, la femme est mandatée pour l'achat de produits courants (céréales, produits alimentaires, etc.), alors que les hommes sont spécialisés dans l'achat de produits spécialisés (voiture, maison, chaussures, etc.). Les rôles d'épouse, de mère, de responsable de l'entretien de la maison familiale, de l'éducation des enfants et de gardienne du patrimoine culturel, qui sont depuis toujours reconnus comme étant ceux des femmes ne leur confèrent aucun pouvoir de décision sur les conditions d'accès aux ressources pour leur insertion dans l'économie.

La femme africaine a longtemps été sous l'emprise de la culture locale. Le poids de la tradition et de la religion faisait d'elle plus un agent de consommation qu'un agent économique. Cette conception tend aujourd'hui à disparaître en Afrique compte tenu de l'évolution des structures de rôle et du statut de la femme. En effet, l'amélioration du niveau d'éducation de la femme et ses responsabilisations à des emplois ou des activités génératrices de revenus lui permettent d'avoir une autonomie financière qui renforce son rôle en tant qu'acteur de développement.

Dans certaines localités en Afrique, les chefs de famille sont des femmes. Elles assurent toutes charges en l'absence des hommes (exode rural, émigration). Ces phénomènes prennent de l'ampleur en Afrique de l'Ouest. Les travaux de Sarr (1998) montrent que dans certaines régions du Sénégal 40 % des chefs de famille rurales sont des femmes. Néanmoins, les femmes en Afrique aussi bien en zone rurale qu'urbaine éprouvent des difficultés pour accéder aux ressources parce qu'elles sont moins instruites que les hommes et n'occupent pas de postes de responsabilité dans les organisations (État, administration, université, entreprise, etc.). Pour ces raisons, elles sont encore éloignées des instances de décision. En Afrique même si l'intégration des femmes au développement s'est faite depuis longtemps dans la société traditionnelle, les politiques gouvernementales des années 1980 suite à la crise des années 1970 (les politiques d'ajustement structurel, le désengagement de l'État) n'intègrent pas les préoccupations des femmes. Ainsi, elles ont été soit victimes d'une marginalisation, soit d'une non prise en compte de leurs besoins spécifiques et par conséquent peu de moyens sont alloués à leur développement entrepreneurial.

Les réalités socio-économiques poussent les femmes à chercher des moyens pour accéder aux ressources. Elles s'organisent pour entreprendre soit seule (individuel) soit en association (groupe d'intérêt économique – GIE). Aujourd'hui, avec 600 millions de femmes, l'Afrique est la seule région du monde qui compte plus d'entrepreneures que d'entrepreneurs. Pourtant ces dernières font face à plusieurs obstacles qui entravent leur participation à l'économie.

Les obstacles sont nombreux et sont constitués de barrières légales qui interdisent l'accès des femmes à certains emplois, les barrières culturelles, les difficultés à être prises au sérieux quand elles n'ont pas été à l'école. En effet, selon la Banque mondiale, seules 30 % des femmes d'affaires ont terminé leurs études secondaires alors que 40 % des hommes d'affaires ont reçu une formation spécifique sur l'entrepreneuriat. Les femmes qui veulent entreprendre ont des difficultés à obtenir un prêt des banques. Or, sans accès à des fonds, il est quasiment impossible de lancer son entreprise. Conscientes de ces obstacles et surtout de l'accès au crédit moderne par le manque de garantie et d'information, les femmes ont pu créer des tontines adaptées au contexte moderne, qui fonctionnent sous forme d'épargne et de capitalisation et qui, malgré les faibles ressources des membres, connaissent du succès.

Dans des pays comme le Ghana, le Cameroun, le Togo, le Sénégal, les tontines sont devenues des banques de quartiers. Au Togo, les tontines sont à l'origine de la puissance économique de riches commerçantes appelées les « Nana Benz » et connues pour leur sens des affaires dans le secteur du textile (Cordonnier 1987 ; Sow 1992). Au Cameroun, il existe plusieurs formes de tontines selon les besoins et les événements (tontine de toits, de deuils, de champs). Au Sénégal, les femmes de la collectivité lébou organisent des tontines pour l'achat de terres, de bijoux, la construction de maisons, les voyages, faisant ainsi de la tontine un instrument au service du développement individuel et de celui de la communauté. Ce modèle d'organisation a donné naissance à une nouvelle forme d'entrepreneuriat qui intéresse aussi bien les pouvoirs publics que les bailleurs de fonds. Les chercheurs qui se sont intéressés à ce champ de recherche démontrent que ces modes d'organisations de capitalisation ont une capacité considérable de mobilisation de l'épargne. L'esprit entrepreneurial des femmes en Afrique est une solution contre la crise économique. Elles ont investi, dans un premier temps, le secteur du commerce. Par exemple au Sénégal, l'importation du textile n'est plus un monopole des Libanais, les femmes voyagent partout dans le monde (Dubaï, Chine, Inde...) pour approvisionner les grands marchés sénégalais comme le marché HLM, le marché Sandaga, etc. Aujourd'hui, les femmes développent des unités de production pour la transformation de produits locaux. Elles occupent des créneaux de consommation et d'activités porteurs pour les économies domestiques.

Mieux, elles sont maintenant présentes dans toutes les sphères de l'économie, effaçant tous les préjugés et stéréotypes. Les femmes subsahariennes disposent d'un triptyque de valeurs : travail, bienveillance et respect. Selon Ipsos, 42 % des femmes africaines ont aujourd'hui un travail régulier, parmi lesquelles 8,2 % dirigent leur propre entreprise. Au total, 49 % des femmes africaines subsahariennes gagnent leur vie de façon indépendante. Ces dernières décennies, les femmes chefs d'entreprise émergent dans le monde des affaires en tant que pourvoyeuses d'emplois et créatrices de valeurs (Mendy 2014).

Encadré 4 : Les Africaines sont les championnes du monde de l'entrepreneuriat féminin, selon le cabinet Roland Berger

Les femmes africaines détiennent le taux de création d'entreprises le plus élevé au monde, selon une étude publiée le 27 septembre 2018 par le cabinet de conseil en stratégie Roland Berger.

24 % des femmes africaines créent leur entreprise, soit un taux plus élevé que ceux enregistrés en Amérique latine et Caraïbes (17 %), en Amérique du Nord (12 %) et en Europe et Asie centrale (8 %), révèle le rapport intitulé « L'entrepreneuriat des femmes en Afrique : un chemin vers l'émancipation ». (Women Entrepreneurship in Africa: a path to empowerment).

Pour l'écrasante majorité des femmes africaines, la création d'entreprises vise à « assurer leur subsistance et celle de leur famille ». « Les femmes créent souvent leurs entreprises à défaut de pouvoir accéder au marché de l'emploi et (…) parce qu'elles ont besoin d'une source de revenus pour elles et leurs familles », souligne l'étude. Le cabinet Roland Berger précise cependant que l'écart est significatif dans le domaine de l'entrepreneuriat féminin entre l'Afrique subsaharienne (26 %), et l'Afrique du Nord (8 %). Cet écart est attribué à des différences « socio-économiques, culturelles et religieuses ».

L'étude estime par ailleurs que l'apport de l'entrepreneuriat féminin à l'économie est considérable : entre 150 à 200 milliards de dollars de valeur ajoutée sont créés par ces femmes africaines, estime l'étude. Mais les obstacles ne manquent pas : 39 % des entrepreneures cessent leur activité parce que non profitable, et 15 % parce qu'elles n'ont pas accès aux financements nécessaires pour se développer. D'où l'intérêt d'un meilleur accompagnement des entrepreneures africaines[11].

2.1.2. Femmes dans le secteur de transformation des produits agricoles

La transformation des produits locaux constitue un pilier de développement en Afrique. Les femmes africaines représentent jusqu'à 52 % de la population totale dans ce secteur et elles sont responsables d'environ 50 % du travail agricole dans les exploitations agricoles de l'Afrique subsaharienne. Elles interviennent tout au long de la chaîne agricole, du travail de la terre, de la mer jusqu'à la transformation et à la commercialisation. En Côte d'Ivoire, par exemple, les femmes occupent 55 % des activités agricoles, de pêche, d'élevage et représentent 27,2 % du

[11] Source : D'après Agence Ecofin, 29 septembre 2018.

personnel commercial et vendeur et 5,6 % du personnel spécialisé dans les services (BUNAP 2014). Les activités de transformation des produits agricoles à but commercial menées par les femmes portent sur une diversité de matières premières agroalimentaires, dont le riz, le blé, le fonio, le mil, le sorgho, le sésame et le maïs, divers fruits et légumes, des produits d'origine animale (lait, viande, miel…). Dans certains pays de l'Afrique subsaharienne, les femmes apportent une contribution représentant jusqu'à 60 à 80 % de l'alimentation du continent. Malgré la forte implication des femmes dans la transformation de produits agricoles locaux, leurs activités restent soumises à de nombreuses contraintes qui empêchent leur souveraineté économique. Entre autres contraintes, il y a les freins à l'accès, au contrôle et à la propriété de la terre, aux intrants et autres équipements modernes, aux crédits, à certaines infrastructures spécialisées et, surtout, la faible formation aux techniques de fabrication modernes et à celle de commercialisation. Les activités de transformation sont réalisées par des unités opérant pour la plupart à l'échelle artisanale.

Les technologies utilisées restent donc essentiellement rudimentaires et sont souvent basées sur des pratiques traditionnelles plus ou moins améliorées par quelques équipements modernes. Les équipements se composent surtout de matériels de première transformation des grains (décortiqueuses, moulins, nettoyeurs…) et, très souvent, il n'y a pas de machines appropriées pour la transformation des fruits et légumes et pour le contrôle de qualité en cours ou en fin de production. Les interventions de la coopération internationale pour le développement en Afrique subsaharienne tiennent peu compte du rôle et du potentiel que représentent les micro et petites entreprises agroalimentaires dans l'atteinte de la sécurité alimentaire et la lutte contre la pauvreté. Diouf et Simen (2016), sur

« l'importance des réseaux de relations personnelles dans le processus de création d'entreprise : le cas des femmes entrepreneures au Sénégal », définissent une typologie de femmes entrepreneures en fonction des difficultés rencontrées, de l'importance du réseau de relation et de leurs caractéristiques. Ces auteurs identifient trois catégories de femmes entrepreneures :

– les courageuses-émancipées qui sont confrontées à des problèmes de financement du projet de création de la nouvelle entreprise et utilisent les tontines pour s'auto-financer. Elles n'ont pas le soutien d'une institution de soutien et doivent concilier vie professionnelle et vie familiale. Elles ne sont pas scolarisées et utilisent leur réseau relationnel pour obtenir des informations pertinentes. Elles sont en contact permanent avec la famille, les amis et les pairs. Ces femmes entrepreneures ont des opportunités et jouent le rôle de leader dans la création d'une dynamique entrepreneuriale. Elles utilisent les réseaux relationnels comme les associations, les groupements de femmes, les cérémonies familiales ou religieuses pour faire connaître leurs activités. Leurs activités sont financées grâce aux tontines ;

– les courageuses-modérées doivent supporter le poids de la religion, elles sont des soutiens de famille, sont victimes de la discrimination inhérente à leur condition de femme de la part des tiers (clients, fournisseurs, banque…). Elles auto-financent le projet de création de la nouvelle entreprise à l'aide de tontines et de réseaux informels. Elles rencontrent des difficultés à concilier les exigences entrepreneuriales et les obligations familiales. Elles ont des difficultés d'accès aux services d'information et de conseil. Leurs réseaux relationnels permettent l'obtention d'informations pertinentes. Elles sont en contact permanent avec la famille, les amis et les pairs et elles jouent le rôle de leader dans la création d'une dynamique entrepreneuriale.

Ils utilisent les réseaux relationnels tels que les groupements de femmes, des cérémonies religieuses et familiales pour faire connaître leurs activités ;

– les réticentes au départ de l'acte entrepreneurial sont victimes du poids des stéréotypes (rôle de la femme), de l'interprétation de la religion. Elles ont besoin de l'autorisation du mari ou de l'accord d'un ami ou de membres de la famille pour démarrer le projet. Elles rencontrent les difficultés à concilier les exigences entrepreneuriales et les obligations familiales. Elles ont un difficile accès aux services d'information et conseil. Elles sont en relation avec les autres membres de la famille, des amis. Elles sont soutenues dans la création de l'entreprise. Elles sont des femmes émancipées. Elles nouent des liens lors des cérémonies (familiales et religieuses), lors des rencontres des associations et des groupements de femmes.

Enfin, l'étude de Broutin et Bricas (2006) formulent des propositions pour une meilleure valorisation du potentiel du secteur des micro et petites entreprises de l'agroalimentaire : amélioration de l'environnement réglementaire et des infrastructures, renforcement des dispositifs de formation et de recherche, financement et information plus adaptés aux spécificités de ces entreprises.

2.1.3. Femmes et consommation en Afrique

Les marchés européens sont aujourd'hui saturés et les firmes occidentales se tournent vers de nouvelles opportunités de marchés comme l'Afrique. Selon une récente étude menée par le cabinet Boston Consulting Group (BCG) sur 11 127 consommateurs répartis dans onze pays africains (notamment le Nigeria, la Côte d'Ivoire, l'Éthiopie, l'Égypte, la République démocratique du Congo, l'Afrique du Sud), les pays africains disposent d'un atout spécifique. Les résultats de l'étude révèlent que les pays africains représentent un bassin de consommateurs potentiels, enthousiastes et désireux de consommer et de dépenser. Selon le portrait dressé par le Boston Consulting Group, ces consommateurs potentiels sont optimistes et confiants. Ils croient en un avenir meilleur, ils désirent vivre mieux, ils ont envie de consommer et misent clairement sur la qualité plutôt que la quantité pour leurs achats. Le prix n'est plus le premier critère de choix, notamment en matière d'équipement (électroménager, voiture, téléphonie). La fiabilité, la durabilité et les fonctionnalités proposées sont scrutées davantage. Aussi dans l'alimentation, le goût prime désormais sur le prix.

En même temps, les entreprises locales comme transnationales sont amenées à repenser leurs stratégies en Afrique. En Afrique comme ailleurs, les femmes sont les plus grandes consommatrices. Majoritairement indépendantes, elles adoptent des comportements d'achat très précis. Selon cette même étude réalisée par Ipsos, 61,7 % des femmes africaines déclarent rechercher des offres promotionnelles et 73,2 % se renseignent en amont avant d'acheter un produit. 23 % des femmes africaines déclarent être fortement influencées par leurs enfants lors des achats. Les observations réalisées sur les points de vente montrent que les femmes issues de la classe moyenne se dirigent spontanément vers des produits de qualité plutôt que vers des produits moins chers. Aujourd'hui, les facteurs clés de succès en Afrique c'est l'hyper-localisation, les offres ciblées, la qualité et la mise en place de solutions de livraison. Les consommateurs africains, les femmes en particulier, sont fortement influencés par l'usage d'Internet avant leurs achats ; il s'agit là d'une véritable prise en main de leur consommation.

Étude de cas 4 : L'entreprise Freshy Bénin

Contexte

L'entreprise agroalimentaire Freshy Bénin tient son nom de celui de sa promotrice Freshnellia Sagbo microbiologiste et technologue alimentaire et agro-entrepreneur. Elle transforme et commercialise des purées de noix de palme et des boissons à base de fruits. L'entreprise Freshy Bénin offre des produits de qualité frais et naturels. Les boissons Freshy sont sous forme de cocktails et jus de purs fruits. L'entreprise a adopté une stratégie de diversification de son offre en proposant de l'ananas baobab, ananas pastèque, ananas bissap, ananas mangue, baobab pur, pastèque pure, mangue pure et ananas pur. Compte tenu des aliments très sucrés sur la santé, les consommateurs ne préfèrent pas des produits avec du sucre ajouté. Pour tenir compte des besoins des consommateurs, l'entreprise Freshy utilise l'ananas dans tous les cocktails pour éviter l'utilisation du sucre.

Les deux catégories de produits offertes sont :

– les boissons sous forme de cocktails et les jus purs de fruits ;

– les purées de noix de palme Freshy destinées à la préparation de la sauce graine communément appelée "Denusunu" ;

Les purées de palme sont proposées par Freshy Bénin pour permettre à la population d'avoir la graine à tout moment. Elles existent actuellement en 2 contenances de 300 g et 450 g.

Dans sa stratégie de communication, l'entreprise met l'accent sur le caractère naturel des produits avec son slogan " Freshy, le naturel au quotidien". L'entreprise est réputée par sa démarche "innovante" Pour la responsable et Directrice de l'entreprise agroalimentaire Freshy Bénin, pour réussir dans l'entrepreneuriat agricole il faut :

- avoir une idée innovante dans ce qu'on aime ;
- cette idée innovante doit résoudre un problème de la société ;
- faire l'étude de marché pour comprendre le comportement des consommateurs, de la concurrence, des distributeurs ;
- prendre le risque pour démarrer même à moindre coût ;
- être passionné de l'activité et beaucoup patient.

La femme entrepreneure, une femme à plusieurs mains ?

Selon la Directrice de Freshy Bénin pour réussir dans ce milieu de l'entrepreneuriat quand on est une femme "il est important de savoir que la femme entrepreneure est celle qui a plusieurs mains, qui fait beaucoup de chose à la fois, foyer, mari, enfant, personnel de l'entreprise, les clients, les fournisseurs".

Freshy Bénin répond aux attentes des consommateurs qui se soucient de leur santé en consommant naturel et sain. Les purées de noix de palme Freshy permettent aux ménagères de gagner du temps dans la préparation de la sauce graine sans salir sa vaisselle[12].

2.2. La force de la jeunesse africaine et les défis associés

2.2.1. Les jeunes entre mimétisme culturel et contre-culture

La question de la jeunesse est abordée sur le prisme de la mosaïque des générations. De manière traditionnelle, les personnes qui sont désignées comme jeunes sont celles qui ont quitté l'adolescence, sans être encore complètement entrées dans l'âge adulte. En somme, c'est un parcours

[12] Source: https://agricultureaufeminin.wordpress.com/

progressif vers l'autonomie, la liberté, la responsabilité et la maturité. Les recherches en sociologie de la jeunesse montrent plusieurs caractéristiques des jeunes. Selon Galand (2014), la question à quel âge commence la jeunesse d'une part, à quel âge finit-elle d'autre part, soulève des difficultés théoriques et pratiques. Aussi, pour contourner la relativité de l'âge biologique ou objectif, il propose une reconstruction sociologique de la jeunesse. C'est selon lui cette reconstruction sociologique qui permet de montrer la jeunesse comme une production sociale qui varie selon les contextes et les époques de l'histoire. En effet, la place, le rôle de l'âge et les frontières de la jeunesse en particulier sont propres aux sociétés.

Il apparaît de ce fait selon Mauger (1995) que les recherches consacrées à la jeunesse européenne et française sont marquées d'une part, par la thèse de l'institutionnalisation du statut juvénile et celle de l'individualisation des trajectoires de passage à l'âge adulte, d'autre part. L'auteur montre à travers une analyse historique comment à travers le temps les jeunes européens ont obtenu de nouveaux droits tout en étant victimes d'une dépendance sociale et/ou générationnelle de plus en plus forte. Cette précarité subie est à lier en grande partie avec la flexibilisation de l'emploi, la réalité de la société de la consommation et les processus de production et de consommation sous-jacents. De même, plus qu'avant, il apparaît que les frontières de la jeunesse sont floues et ne correspondent plus à des événements spécifiques. Être jeune ne signifie plus quitter l'école, avoir commencé à travailler, disposer d'un logement, être en couple ou avoir fondé une famille, etc. La définition de la jeunesse est relative en raison de « l'affaiblissement des rites de passage, l'allongement des transitions professionnelles et la prolongation du temps des expériences qui tendent à repousser toujours plus tard l'âge d'accès à un plein statut adulte » (Galand 2014).

Au final, à 30 ans, sur une même cohorte, certains ont franchi ces étapes, d'autres sont dans un entre-deux et une autre partie dans une insécurité plus forte. On voit bien qu'aujourd'hui les parcours de vie sont devenus complexes et moins linéaires que par le passé. Il est difficile de juger la jeunesse contemporaine sur la base des critères traditionnels du passé. Les sociologues, pour contourner cette difficulté utilisent les termes de « post-adolescents » et de « jeunes adultes ». Cette délimitation permet d'inscrire la jeunesse dans des temporalités variables et multiples. L'idée est d'établir une différenciation des jeunes en fonction des parcours de vie, des âges des événements de transitions sachant qu'en outre les individus ne réagissent pas de la même manière face au temps qui passe. La perception du temps et le rapport au temps sont en soi des données subjectives. Ainsi, en prenant en compte cette relativité temporelle, Longo (2010) dans sa recherche sur la transition des jeunes vers la vie adulte et leurs effets sur leurs parcours professionnels a distingué quatre profils de rapports au temps de la part de ces jeunes à savoir les « planificateurs », les « exécutants », les « latents », les « opportunistes » à partir de la façon dont les individus se représentent leur identité du présent, du passé et du futur et de leur manière de gérer les transitions de vie et les changements de temps dans leur environnement.

Cependant si la définition de la jeunesse peut être éclairée par cette délimitation diachronique, elle pose une question de société d'un point de vue synchronique. Il s'agit de la problématique de l'entrée effective dans la phase adulte. S'il est un continent qui est associé à la jeunesse de sa population c'est bien l'Afrique. Les données démographiques montrent que « 75 % de la population africaine a moins de 35 ans et 35 % a entre 15 et 35 ans » tandis que le rapport sur les perspectives économiques en Afrique de la BAD en 2014 évalue à 200 millions les jeunes âgés entre 15 à 24 ans et que ces nouvelles générations ne cessent d'augmenter. Les récentes données de la Banque mondiale soulignent que les jeunes représentent 60 % des chômeurs en Afrique. Et quand ils ont un emploi, dans la majorité des cas c'est dans le secteur informel. Dans différentes régions, la planification familiale et le dividende démographique commencent seulement à faire l'objet d'agenda politique.

En Afrique plus qu'ailleurs, la « jeunesse n'est pas qu'un mot » pour reprendre Bourdieu. Naturellement la définition de la jeunesse selon l'activité professionnelle y est peu opérante. L'Union Africaine (UA) définit les jeunes comme des individus âgés entre 15 et 35 ans. Plutôt c'est la notion de classe d'âge qui est opérante tandis que la définition de la jeunesse est différente selon les sociétés. Selon Lauras-Locoh et Lopez-Escartin (1992 : 31) dans les sociétés rurales, « les jeunes passent sans discontinuité de l'enfance à l'âge adulte tout en restant « dépendants » du lignage ». Dans les sociétés urbaines en revanche « les jeunes se reconnaissent en tant que groupe doté d'un début d'autonomie par rapport à la famille, soit par l'éloignement, soit par le savoir, soit par l'acquisition d'un revenu personnel (emploi salarié) » (Lauras-Locoh et Lopez-Escartin 1992 : 32). En Afrique, si l'enfant occupe une place importante, le statut, la qualité et la place du jeune sont, en revanche, mal définis et fortement relativisés par la culture et l'éducation. Selon Biaya, (2000 : 29), ce qui fonde la culture des jeunes en Afrique est liée au fait que « l'adolescence intervient très tôt. Elle n'est qu'une transition rapide entre l'enfance et l'âge d'adulte. Cette particularité participe de la crise des identités et de la violence subie par les plus jeunes, hors de la sphère familiale. Dans le contexte de crise généralisée qui caractérise de nombreux pays africains, le jeune en est souvent réduit à construire son identité contre les communautés et le groupe plutôt qu'à partir d'eux ». De même, plus qu'ailleurs en Afrique, la question de la jeunesse éternelle se pose de manière lancinante. Cette instabilité de la définition de la jeunesse est liée aux faillites des États et institutions africaines, ce qui ne les empêche pas d'être des acteurs sociaux à part entière.

2.2.2. La jeunesse africaine : une pression créatrice et cible du marketing

Chaque année, un peu plus de 15 millions de jeunes africains arrivent sur le marché du travail. Ils sont les premiers à souffrir des carences et imperfections du marché de l'emploi. Néanmoins la jeunesse africaine démontre souvent sa détermination et sa « capacité à être des acteurs du changement. Lorsqu'elle trouve les moyens pour exprimer ses aspirations, la jeunesse fait preuve de créativité souvent à travers l'entreprise mais aussi de nouvelles expressions artistiques, culturelles ou sociales, et d'une forte appétence pour les nouvelles technologies de l'information et de la communication. Elle bouscule l'ordre social fermé. À travers diverses expressions, des idiomes culturels ou de nouvelles solidarités sociales, elle propose une sociabilité inédite » (Jacquemot 2013 : 91). En s'intéressant à la manière dont ces jeunes construisent leur culture urbaine, Biaya (2000) indique leur capacité transformatrice de la postcolonie et leur résilience à la marginalité. Forts de cette double culture, ils se « réapproprient les loisirs existants tout en les transformant. Ainsi spatialisé, le loisir devient fondateur d'une culture de rue » (Biaya 2000 : 14). Leurs pratiques sociales éclatées et leurs références multi-sites ont renvoyé au passé « les perceptions dichotomiques et diachroniques fondées sur le local et le global, le rural et l'urbain, la tradition et la modernité, l'autochtone et l'allochtone, le natif et l'étranger tout comme elles ont confirmé en retour la capacité d'assimilation, d'autonomie, d'individualisation et de recomposition de leurs sociabilités

(Biaya 2000 : 14). Ainsi, toutes les villes africaines connaissent l'essor et la vitalité des expressions urbaines des jeunes. Quel que soit leur mode d'expression populaire, ils cherchent à montrer leur agence.

En marketing, les jeunes constituent une cible insaisissable. Ils sont déviants et restent difficiles à séduire. La définition statistique de la jeunesse n'est pas pertinente. Selon Khodorowsky (2015 : 2-3), « le mythe de la jeunesse est une obsession collective qui touche toutes les générations [et surtout les adultes] qui pillent les codes des jeunes dans les moindres détails (mode de vie, looks, idoles, valeurs…) pour refuser de vieillir dans leur tête et dans leur corps, bref « faire jeune » ! Ces pratiques et rites de « rejuvénation » déjà explorés par les anthropologues des sociétés primitives sont exprimés en marketing par le terme d'adulescence. En s'enrichissant de l'apport de la construction sociale et culturelle de la jeunesse, en marketing, c'est plutôt la notion de génération en tant que groupe d'individus partageant un destin commun, une identité, des comportements voire une culture en soi qui est la plus mobilisée. Ainsi, après la génération muette (fin XIXe siècle Première Guerre mondiale), la génération des traditionalistes (jeunes nés entre 1920 et 1945), et la génération des baby-boomers (jeunes nés entre 1946 et 1964), la génération X (les jeunes nés approximativement entre 1965 et 1979) l'orientation marketing aujourd'hui est portée par la génération Y (années 1980-2000) et la génération Z. Ces jeunes sont portés par une nouvelle culture d'achat et une évolution de leurs comportements ; ils sont marqués par le goût pour l'instantanéité, le pratique et le non-engagement et enfin la culture du partage et de la communauté (Khodorowsky 2015 : 92). De manière symbolique la génération Y et surtout Z est celle de la génération des NTIC et des *digitial natives*. Cette génération est celle d'entrepreneurs en liaison permanente avec les pairs.

« Cette connexion doit pour eux passer principalement par les images, plus au cœur de leurs attentes que les mots pour communiquer. D'où un marketing qui s'oriente toujours plus vers des plateformes de visuels » (p. 192).

Encadré 5 : Covid-19 et l'énergie juvénile

Au printemps dernier, alors que l'on était encore loin d'imaginer les dégâts – sanitaires et économiques – qu'engendrerait la pandémie, nous vous parlions de ces initiatives lancées en Afrique pour combattre la progression du virus… Cette période de la pandémie a favorisé l'esprit d'entreprendre chez les étudiants africains qui se sont lancés dans des innovations. Parmi ces innovations africaines pour lutter contre le Coronavirus, il y a l'application burkinabè DiagnoseMe, le chatbot, le robot « Docteur Voiture » ou des appareils respiratoires conçus par des étudiants de l'école supérieure polytechnique de Thiès, au Sénégal. Cette machine multifonctionnelle a été développée pour réduire le risque de contamination du coronavirus des patients aux soignants... Les rapports des médias ont également fait état d'un Kit de test rapide de 65 minutes pour Covid-19 en Afrique du Sud. Il y a aussi la machine automatique à laver les mains, le lavabo solaire pour le lavage des mains, l'impression de masques en 3D. D'autres développeurs ont misé sur le respirateur portable « Respire-19 » et les scanners pulmonaires à rayons X sur Internet. Outre les équipements de fabrication locale, les pays africains utilisent également la haute technologie pour lutter contre le virus. Le Rwanda utilise ainsi des robots humanoïdes dans les centres de traitement du coronavirus, pour minimiser les contacts entre humains. Ils sont notamment en mesure de prendre la température des patients. Et au Ghana, l'entreprise américaine Zipline, qui utilise déjà des drones pour transporter des médicaments, du sang et des vaccins en évitant des routes en mauvais état, a commencé à s'en servir pour transporter des tests de coronavirus… « C'est formidable de voir l'énergie juvénile du continent s'enflammer pour combattre le nouveau coronavirus » s'est réjoui le Dr Moeti. Nos jeunes ont la solution à de nombreux problèmes auxquels le monde est confronté aujourd'hui... C'est très excitant de voir ce qu'ils arrivent à faire avec les ressources dont ils disposent", commente Nicholas Gikonyo, directeur du Centre national de recherche en phytothérapie de l'Université Kenyatta. Mais en réalité, le nombre d'innovations africaines dans la lutte contre la Covid-19 a été bien plus important, nous dit l'Organisation mondiale de la Santé. « Il ressort de l'étude de 1 000 technologies nouvelles ou modifications des technologies existantes introduites dans le monde pour cibler différents domaines de la riposte [au coronavirus] que 12,8 % des innovations sont conçues en Afrique », écrit l'OMS. Sur ces plus de 120 innovations identifiées, 57,8 % étaient fondées sur les technologies de l'information et de la communication (TIC), 25 % sur l'impression 3D et 10 % sur la robotique. Sans surprise, en revanche, les trois pays moteurs de ces avancées restent ceux qui tirent la Tech africaine depuis deux décennies : l'Afrique du Sud (13 %), le Kenya (10 %) et le Nigeria (8 %). Le Rwanda arrive en quatrième place[13].

2.2.3. Les jeunes comme nouveaux acteurs politiques

Dans leur récent ouvrage « ça suffit ! Enough is Enough ! », Tall, Pommerolle et Cahen (2015) insistent sur la banalité des mouvements sociaux africains portés par une jeunesse connectée. Celle-là qui fait écho à la génération Z et pour lesquels les réseaux sociaux et les nouveaux moyens de communication sont devenus un outil de socialisation et d'identification particulière. À ce

[13] Source : compilation de différentes sources de *Teknolojia News* 3 novembre 2020, de *24 heures Infos* et de *France 24* en lien entre la lutte contre la Covid et les solutions locales.

titre, ils participent à une jeunesse mondialisée. Les auteurs regrettent que ces mouvements ne permettent pas encore de renouveler durablement le champ politique et ses élites. Des événements politiques ont montré l'aspiration citoyenne de la jeunesse africaine. Du Burkina avec le « balai citoyen » au Sénégal avec le mouvement « y en a marre », il y a une conscience et un engagement civique nouveau. Les jeunes aspirent davantage à prendre leur place dans le champ social, à contrôler le champ politique et à faire partager leurs aspirations. Plusieurs évolutions se sont dessinées. Ces transitions montrent le passage d'une jeunesse réactive et contestataire à une jeunesse proactive, d'une jeunesse-fardeau à une jeunesse développante, d'une jeunesse passive et improductive à une jeunesse entreprenante.

Pour que cette jeunesse soit un moyen politique mais aussi économique, la question de l'éducation doit être placée au centre des enjeux politiques des États. Encore aujourd'hui, le groupe des jeunes sans éducation, sans emploi ou formation est un fléau. En outre, selon la BAD dans un rapport sus-cité le chômage les touche en premier chef. Il est au « moins deux moins supérieur à celui des adultes ». C'est toute la question de croissance africaine qui ne crée pas de l'emploi qui est posée. Il urge dès lors pour les États et dirigeants africains d'accroître les investissements dans l'agriculture, le tourisme, le bâtiment et des métiers du numérique pour en faire de ces jeunes la prospérité du futur.

2.2.4. Les jeunes en Afrique : entre culture de loisir et culture de rue

Les jeunes en Afrique constituent une génération marquée par un entre-deux culturel. La culture de rue des jeunes coexiste avec la culture de loisir. Dominant dans les années 80-90, la culture de rue a cédé le pas à la culture de loisir qui semble s'imposer depuis les années 2000. Entre ces deux temps, le nihilisme culturel n'a pas résisté aux vents d'une construction culturelle juvénile vivante et identificatoire. Cependant, la rupture entre culture de rue et culture de loisir n'est pas totale, ces deux expressions culturelles se nourrissent l'une sur l'autre. Elles s'influencent dans leur inspiration et leur expression et se concurrencent dans leur créativité et leur énergie. En effet, la culture de loisir est commune à toute la jeunesse africaine. Celle-ci emprunte des influences multiformes, s'exprime de manière singulière suivant les contextes culturels qui les irriguent. Le dénominateur de cette culture de loisir est une sorte d'invention de soi, de construction d'une existence et d'une identité. Ce besoin d'être soi est parfois leur seul antidote contre toutes les formes de précarisation qui subissent. Selon Biaya (2002), la culture du loisir s'entremêle avec celle de la politique. Ainsi, depuis les années 2000, le mouvement rap sénégalais aux sonorités urbaines, ouvertes et contestataires [14] est devenu une véritable culture de loisir. Véritable industrie de créativité artistique, le rap s'est imposé tant au niveau national dans le paysage musical qu'au niveau international. Au titre des productions mondiales, le rap sénégalais se classe d'ailleurs au 3e rang après les États-Unis et la France.

À côté du rap, la lutte sénégalaise est une industrie culturelle où marques, médias, publicitaires, sponsors et promoteurs se bataillent et rivalisent pour occuper l'espace. À ce titre, les lutteurs sont devenus de véritables stars, ils sont devenus des figures identificatoires. Les marques se les arrachent pour en faire des ambassadeurs culturels et les politiques pour bénéficier de leur image et de leur

[14] À l'origine, la figure du PBS et de Rap'Adio, deux groupes mythiques qui ont formaté le rap sénégalais avant que le mouvement hip-hop des quartiers populaires ne s'enclenchent en une mosaïque de groupes et de création.

notoriété. Dans l'histoire de la lutte libre sénégalaise, Mohamed Ndao dit « Tyson » est la première figure emblématique qui a opéré une série de ruptures dans le milieu en déployant « l'effet attractif d'une réussite idéalisée des noirs américains sur la jeunesse américaine » (Biaya 2000). Actuellement, le paysage de la lutte au Sénégal est occupé par des jeunes de la banlieue où la représentation du territoire, l'affichage d'une culture de marque propre, la manifestation des obédiences spirituelles d'appartenance sont communes. Au Sénégal comme ailleurs en Afrique, les jeunes sont des créateurs de nouvelles cultures populaires. Ils marquent leur présence localement et mondialement grâce à la production d'une culture populaire. Ils sont créateurs de culture et de tendances artistiques. À travers Internet, ils imposent leur présence, leur visibilité et diffusent leurs pratiques avec des moyens et une technologie intelligente. En effet, selon l'anthropologue De Boeck repris par Braun (2015 : 12 reprenant De Boeck), « la marginalité et la vie à la marge, ressenties par les jeunes, les placent exactement au centre et génèrent un pouvoir énorme ». Les « shegue » de Kinshasa utilisent selon elle les téléphones portables volées dans la rue pour diffuser leurs styles de danse. Ils sont devenus une source d'inspiration majeure pour les groupes professionnels. Leurs danses sont esthétiques, elles sont révélatrices de phénomènes socioculturels et d'activités de la vie quotidienne. Certaines de leurs danses imitent les gestes des culturistes (*bapomba*), d'autres la façon dont les chauffeurs de taxi conduisent leurs véhicules dans les embouteillages, ou encore la démarche des femmes lorsqu'elles tiennent en équilibre une lourde charge sur leurs têtes. Il existe même des gestes se moquant des chefs d'État. La danse « ndombolo » selon la rumeur imite la façon dont le président congolais Kabila marche en sortant de la forêt après ses rites magiques.

2.2.5. Les jeunes : expression d'une contre-culture et producteurs de culture de consommation

La culture des jeunes africains telle qu'elle apparaît se caractérise par un foisonnement d'influences et une liberté de styles. Tous les ressorts culturels ont leur place même l'exploitation des signes du passé. Il n'y a pas d'anachronisme dans ce dialogue des modes d'expression. Pour ces jeunes, le monde est une série de fragments, de cultures, de voyages, d'itinéraires d'une extrême vitalité. Leur rencontre et confrontation avec ces fragments culturels fait apparaître de plus en plus des pratiques de résistance. Ces pratiques de résistance peuvent être conçues comme une somme de déviance, d'hétéro-culture, de contestation de l'ordre culturel et de ses significations produites. Les lieux de ces déviations sont pluriels et les espaces aussi de plus en plus diffus. Chaque société produit ces figures juvéniles et urbaines postcoloniales. En Afrique du Sud par exemple, les résistances s'observent de manière plus forte. Il y a d'un côté selon Nuttall (2006 : 263), la jeunesse Y qui se familiarise à une culture de l'individualité façonnée en partie par cette culture du Hip-Hop afro-américaine et de l'autre, une jeunesse qui se révolte contre elle. Sous l'effet d'une forme de pastiche, l'appropriation par copier-coller des pratiques culturelles américaines est simultanément mise en œuvre et réfutée, contestée et inversée. On retrouve ce même mode de contestation au Congo, le berceau des sapeurs, où la consommation de vêtements prend un relief particulier au point que la consommation de produits de luxe ostensif est un processus de création mimétique auprès de sa diaspora parisienne (Brodin, Coulibaly, Ladwein 2015).

Le Shegue aussi ne se « sape » pas comme les vrais sapeurs dans les boutiques parisiennes, milanaises à la recherche des dernières griffes pour se différencier ou chez certains couturiers africains italiens et japonais. Pauvre, il s'habille dans le marché des friperies. Puis, il réaménage ses achats de seconde main à l'aide d'un tailleur local et y appose des éléments de sa culture matérielle, de ses motifs copiés ou inspirés par des grandes maisons de couture. À travers ces exemples, il apparaît là que la jeunesse africaine n'est pas passive, elle n'est pas spectatrice docile des productions d'ailleurs. L'agence dont elle fait montre exprime la vitalité et la capacité de (ré) interprétation et de (ré) appropriation des schèmes culturels endogènes et exogènes.

De même, ces jeunes constituent également de véritables entrepreneurs. Ceux ressortissants des zones reculées sous l'effet de l'exode sont les maillons centraux dans la circulation des dynamiques urbaines, « aux changements des choix traditionnels de consommation et à l'ouverture voire à l'entrée de milieu d'origine dans le champ de consommation moderne voire international » (Binet 1979). Partout avec des styles différents, les jeunes se retrouvent de plus en plus dans une « volonté d'émancipation et d'affirmation par la différenciation, qui s'exprime notamment dans des pratiques corporelles, spirituelles et culturelles » inédites (Havard 2001). Il faut voir dans ces identifications et figures contemporaines des jeunes dans la fabrique de la consommation et des univers de consommation locaux l'influence de deux forces. Il y a d'une part, l'impact de leur culture de consommation mondialisée. C'est cette extraversion culturelle nourrie par la socialisation à la culture de masse urbaine qui permet aux jeunes en général « d'accéder à la culture mondiale [de devenir] des acteurs de théâtre de la mondialisation [en construisant] leur propre chemin dans l'économie mondialisée du désir et de la consommation » (Diouf 2003 : 5). D'autre part, il y a la culture de l'émigration et de l'extraversion culturelle qui fait, certains jeunes ont développé une cartographie et une connaissance des traditions culturelles et des réalités d'ailleurs à défaut d'en faire une activité quotidienne (Fouquet 2007). Ces emprunts et échanges successifs sont favorisés par le mouvement des images et le trans-nationalisme.

Section 3. Les diasporas comme figures d'entrepreneurs culturels

Les conséquences culturelles de la mondialisation mettent les diasporas en lumière. Suivant le recueil de statistiques 2011 de la Banque Mondiale, « plus de 215 millions de personnes, soit 3 % de la population mondiale, vivent hors de leur pays de naissance. »[15] Les recherches commencent à s'intéresser davantage à l'influence économique, socio-culturelle et à la diffusion d'une consommation sans frontière des diasporas. De même, elles prennent en compte ce « non-lieu stratégique » qu'elles occupent, « cet objet incongru qu'est l'espace-temps fracturé qui tend à devenir le principe organisateur de la condition humaine » (Guèye, 2006). Ce cosmopolitisme vernaculaire du « petit migrant » africain au-delà de l'obligation d'appartenance à une communauté culturelle spécifique, se caractérise par un « intense commerce avec le monde » et « de ce commerce, émergent les formations culturelles hybrides en voie de créolisation accélérée » (Mbembe 2002 : 69). Le marketing des diasporas apparaît ainsi comme une réelle opportunité pour les pays d'origine. Tout un ensemble de marchés de consommation dans des domaines d'activités créés se développe avec l'essor de ces mouvements diasporiques.

---

[15] « Les États-Unis sont le premier pays de destinations des migrants suivis de la Fédération de la Russie, de l'Allemagne, de l'Arabie Saoudite et du Canada… La migration Sud-Sud est considérablement plus forte que la migration du Sud vers les pays à revenu élevé membre de l'OCDE en Afrique subsaharienne (73 %) et en Asie centrale (61 %) ». European Yearbook / Annuaire Européen, Volume 58 (2010), Volume 58; Volume 2010 : 11.

3.1. Diaspora africaine : du concept d'immigré à celui de diaspora

Le terme « immigré » qu'on utilise couramment et imprègne la représentation collective en Occident, en particulier, regroupe de manière disparate des migrants de statuts juridiques divers. En France, par exemple, l'Insee (1997), dans sa nomenclature, distingue la population étrangère sur le critère de nationalité et la population immigrée sur celui du lieu de naissance[16]. De ce fait, la population immigrée se compose selon le Haut Conseil de l'Intégration « de personnes nées à l'étranger de parents étrangers et qui ont décidé de s'installer, durablement ou définitivement en France ». Selon Tribalat (1995), cette distinction juridique introduit un « amalgame entre des groupes, qui se distinguent par leur lieu de naissance (en France ou non), leur nationalité (française ou non) et qui en sont à des stades divers du processus d'assimilation. Elle confère ainsi à l'ensemble intemporalité et immobilisme… certains immigrés ont obtenu la nationalité française. D'autres ne l'ont pas demandée ou pas obtenue. Ils sont immigrés et étrangers ».

Le terme diaspora, en dépassant ces questions de statuts juridiques, est plus approprié pour évoquer la présence africaine dans le monde. Sous le terme diaspora, les nomenclatures immigré, étranger, nationalité, ne comptent pas. C'est le lien identitaire maintenu avec le lieu d'origine qui importe. En effet, toute une littérature existe sur la conceptualisation de la diaspora. Au regard de l'inflation définitionnelle autour de l'identité diasporique construite sur une simple dimension d'extraterritorialtié, Amstrong (1976) distinguait trois types de diasporas : les

[16] Les immigrés « personne résidant en France, née étrangère dans un pays étranger » et les étrangers « personne résidant et n'ayant pas la nationalité française ».

diasporas « archétypales » (Juifs, Arméniens…), les diasporas « situationnelles » et les diasporas « prolétaires ». Bruneau (2004) distinguait pour sa part quatre catégories de diasporas : la diaspora entrepreneuriale, la diaspora de religion, la diaspora autour d'un pôle politique sur une base de domination étrangère et enfin la diaspora d'ordre racial ou culturel. Dans la dynamique migratoire mondiale actuelle, les diasporas s'intègrent elles aussi dans un champ global. Aussi « à l'extrême, diaspora devient, peu ou prou, quasi-synonyme de communauté transnationale, de minorité étrangère, ou plus vaguement encore, de migration » (Centlivres 2000 : 3). En s'attachant sur des dimensions spatiales et territoriales, l'approche géographique inscrit le phénomène diasporique dans le cadre de la mobilité et de la dispersion. L'approche sociologique insiste sur l'idée de construction sociale et plus encore sur une condition socio-historique commune. En utilisant le terme diaspora nous faisons ainsi référence à son acceptation large avec l'idée qu'en définitive la diaspora « est censée permettre de comprendre tout à la fois les mouvements migratoires décuplés par la mondialisation des échanges, les identités incertaines et fluides, la mobilité incessante des hommes. De plus, elle présenterait l'avantage d'éviter l'impasse vers laquelle la recherche sur l'ethnicité avait pu conduire. Là où l'ethnique durcissait les traits de l'Autre, le diasporique éclairait les contours d'une altérité conçue comme changeante et diffuse » (Bordes-Benayoun et Schnapper 2006). C'est dire que les diasporas modernes se distinguent des diasporas traditionnelles par leur fonction d'intermédiaire dans le cadre de la culture monde. Cette culture monde est devenue le miroir, « le véritable lieu d'ancrage des diasporas…de nouvelles diasporas se développeraient dès lors sur cette base essentiellement culturelle et narrative » (Bordes-Benayoun, Schnapper 2006 : 183) de sorte qu'il n'y aurait plus strictement de diasporas communautaires, mais des diasporas hybrides.

Selon la Commission de l'Union africaine la diaspora africaine est formée de « personnes d'origine africaine vivant hors du continent africain, qui sont désireuses de contribuer à son développement et à la construction de l'Union africaine, quelles que soient leur citoyenneté, leur nationalité ». Enfin, de nombreux auteurs ont mis en relation diaspora et migration africaine. Selon Gueye (2006), ce rapprochement n'est pas imaginaire au moins pour deux raisons. D'abord, les immigrés africains sont par définition des agents sociaux capables d'intégrer dans leurs actions quotidiennes et leurs imaginaires leurs multiples inscriptions ou tout au moins leur existence simultanée entre un « univers national considéré comme le foyer d'origine et un autre qui est celui de leur adoption, de leur résidence ». Ensuite, ils « sont souvent porteurs d'un projet, jamais réalisé dans quelques cas, de retour au foyer d'origine, qu'ils s'efforcent de présenter comme inéluctable par des entreprises symboliques telles l'acquisition d'un domicile au pays d'origine, la transmission de la langue maternelle aux enfants » (Guèye 2006 : 21). Dernièrement, Manning (2010) a tenté de montrer l'unité et la diversité des productions des diasporas africaines au cours du temps. Surtout, dans une vision non essentialiste, mais plutôt globale, il a inscrit la diaspora africaine à l'échelle mondiale en montrant les phénomènes d'interactions et d'interrelations de plus en plus accrus entretenus entre les différentes parties du monde.

3.2. La démographie de la diaspora africaine dans le monde

La culture de la diaspora africaine dans le monde couvre des imbrications multiples. Elle est faite de circuit d'échanges et d'interactions entre le pays d'origine et le pays d'accueil, cette diaspora en constituant le vecteur d'intermédiation privilégié. Considérée comme la sixième région de l'Afrique, la diaspora africaine d'après les chiffres de l'Union africaine (2017) compte 112.65 millions d'individus en Amérique latine, 40 millions en Amérique du Nord, 13.56 millions aux Caraïbes et 3.51 millions en Europe. Pour sa part, la Banque africaine de développement dénombre cette diaspora à 140 millions d'Africains dont environ un tiers appartient à la classe moyenne.

À travers la mondialisation culturelle, il semble qu'on note un brouillage des rapports entre l'ancrage provisoire dans un endroit d'installation donné et l'attachement à la nation d'origine. Ce chevauchement des identités qui en découle génère un patriotisme vécu sous un mode « mobile, pluriel et contextuel » (Appadurai 2001). Pour ce chercheur, avec l'exil et l'immigration, les frontières nationales traditionnelles sont dépassées et les interactions contemporaines s'effectuent au-delà de celles-ci. Nous allons utiliser pour explorer cette culture du lien entre la diaspora africaine dans le monde et leur pays d'origine ou l'Afrique, le corpus d'Appadurai pour en rendre compte. Celui-ci permet de mieux voir les flux culturels globaux dynamiques qui s'observent dans ces échanges. Ces flux culturels globaux sont au nombre de cinq (5) et concernent :

– Les flux culturels « Ethnoscapes » désignent les « liens communautaires, linguistiques, ou familiaux » relatifs à la culture d'origine et qui dans le cadre de la migration deviennent « instables, contingentes, problématiques »

– Les flux technologiques « Technoscapes » s'inscrivent dans la même idée, mais relèvent spécifiquement de l'impact de l'environnement technologique « et au fait que cette dernière, haute ou basse, mécanique ou informationnelle, se déplace aujourd'hui à grande vitesse entre les frontières jusque-là infranchissables » (Appadurai 2001 : 72).

– Les flux médiatiques « Mediascapes » portent sur la circulation des images, des informations par les médias, ainsi qu'à la vision du monde que ces médias relaient voire fabriquent.

– Les flux financiers « Financescapes » concernent la circulation financière entre pays d'origine et pays d'accueil et comment elle parvient à maintenir des équilibres et de la sécurité dans les foyers immigrés désormais dépendants de l'internationalisation financière.

– Les flux idéologiques « Ideoscapes » enfin soulignent les idées nomades mais également les représentations qui voyagent et qui sont porteuses de mutations sociales et culturelles dans les pays d'origine.

Ces différents flux permettent de nourrir toute une industrie de consommation entre ici et là-bas. Naturellement, le marketing ne pouvait pas se désintéresser de ces échanges, qui relaient culture matérielle et interactions multiformes. Les flux technologiques seront traités dans la dernière partie.

3.3. Les flux ethnoculturels et la fabrique du chez soi

Ils correspondent aux liens linguistiques, culturels, communautaires gardés avec le pays d'origine. Souvent, les familles d'origine craignent de rompre le lien avec leurs fils dans l'émigration par l'éloignement et le relâchement progressif des relations qui les unissent. Aussi cet ethnos national se consomme et s'affiche à travers différents archétypes. Les marques d'origine peuvent trouver par là un moyen de communiquer et se rapprocher de leur diaspora. Pour la diaspora africaine, en particulier, ce stock culturel constitue un repère d'identification et de différenciation. C'est autour de ce stock culturel commun que l'ethnos et les interactions s'organisent et se déploient. Ces typicalités dans le cadre d'une approche marketing peuvent servir de boîtes à outils pour représenter une communauté imaginée. Ainsi, pour les marques se positionnant sur ce créneau identitaire national, la narratologie de cet ancrage peut se faire autour d'une expérience de consommation ou d'une expérience culturelle singulière. Elle peut aussi porter sur les représentations nostalgiques. Les diasporas peuvent ainsi afficher la fierté de leur origine. Une telle orientation culturelle peut également favoriser l'ethnocentrisme. Enfin, dans le champ du marketing associatif, cet ethnos culturel réinventé peut favoriser le développement de nombreuses associations de développement. Les migrants dans le cadre de la coopération décentralisée peuvent ainsi être le relais des pouvoirs publics nationaux dans la construction de nombreux projets communautaires.

3.4. Les flux financiers et l'économie du don

L'OCDE estime à 300 milliards de dollars (227 milliards d'euros) le montant des transferts annuels vers les pays du sud[17]. En Afrique, ces transferts financiers n'ont cessé de croître depuis deux décennies. Selon le rapport de *l'African Institute for Remittances* (AIR), les transferts d'argent vers l'Afrique se chiffraient en 2017 à 65 milliards USD. En 2019, selon un rapport de la Banque mondiale, la diaspora africaine issue de la région subsaharienne a envoyé environ 48 milliards $ de fonds soit 2 milliards de plus qu'en 2018. Ces sommes éludent souvent les transferts informels évalués entre 45 % et 65 % des flux formels pour l'Afrique subsaharienne. En effet, les « nouvelles méthodes de transfert basées sur les NTIC [dont] les transferts par téléphone, télécopie et télématique induisent une dématérialisation de la circulation d'argent et une diversification des mécanismes de convoyage de l'argent. Des sommes d'argent importantes sont mises à la disposition des correspondants des émigrés par un simple appel téléphonique » (Tall 2002). C'est dire que l'appui financier de la diaspora africaine est fortement

[17] « L'argent des migrants est trop cher à rapatrier » *Le Monde* 23 février 2012.

supérieur à l'aide publique au développement (APD) et aux investissements directs à l'étranger (IDE).

Ces flux financiers stimulent en partie la consommation africaine et l'émergence d'une classe moyenne. Daffé (2009 : 116 reprenant Agunias 2006) distingue, en outre, les motifs d'ordre utilitaire répondant à trois stratégies la « satisfaction d'un intérêt personnel, l'altruisme à l'égard des bénéficiaires et le respect d'un contrat d'assurance, en plus des facteurs d'ordre macro-économique ». Ce marché des transferts fait l'objet de convoitise de (re)positionnement marketing entre plusieurs acteurs du secteur. Tout le secteur du marché des transferts financiers est concerné. Il y a les spécialistes et plus récemment l'arrivée des banques généralistes dont la Société Générale avec son modèle « votre banque ici et là-bas » et plus récemment son produit i-transfert. Celui-ci permet par un simple appel de transférer de l'argent vers les comptes de ses filiales pour aider ses proches, constituer une réserve d'argent pour faciliter les déplacements et les dépenses du migrant voire rembourser ses crédits souscrits localement.

Ce marché des transferts alimente aussi l'économie du don et le circuit de l'élégance local (tissus, parures, cosmétiques, habillement) en plus des marques technologiques qui font partie des cadeaux échangés (Ndione et Rémy 2018). Pour répondre à cette circulation du don, de nombreux segments de marchés apparaissent c'est le cas du *Cash to Good*. Des applications ouvrent d'autres possibilités ; c'est le cas en Afrique subsaharienne de l'application passcourses pour inciter les diasporas à aider à payer les médicaments des populations locales ou encore du Bouquet Pass Santé qui mise sur leur solidarité dans le domaine médical. Il y a aussi l'application *top-up* en tant que services de transferts internationaux de crédit téléphonique pour répondre aux besoins de communication des proches restés au pays. En effet, sur ce marché financier, la frontière stratégique entre les établissements financiers, bancaires et les opérateurs télécoms est devenue poreuse. Une bataille de positionnement s'observe entre les *purs players* et les plateformes spécialisées dans les services financiers pour capter les ressources des diasporas.

Étude de cas 5 : Le marché du transfert, Afrimarket, Africashop et Cdiscount, la carte de l'innovation : histoire d'un échec

Contexte

Les envois de fonds vers les pays en développement ont franchi la barre des 500 milliards de dollars. Ce marché lucratif est entre les mains de grands réseaux bancaires. Afrimarket a lancé son offre en 2013 en obtenant le statut de distributeur de paiement électronique auprès de la Banque de France. Il a misé sur un service alternatif : le *cash-to-goods*. L'émetteur, en France, demande sur internet la conversion de son argent en produits alimentaires, éducatifs ou de santé, dans une boutique partenaire. Pour ce faire Afrimarket a noué des partenariats à Abidjan (Côte d'Ivoire), Cotonou (Bénin), à Saint-Louis (Sénégal), au Cameroun, au Bénin, au Togo puis en 2017 au Mali et au Burkina Faso. L'avantage affiché : des frais fixes à 5 %, quel que soit le montant concerné. Les clients avaient la possibilité de choisir un bien précis (que le destinataire du transfert pourra aller chercher) parmi un catalogue. Mais cette plateforme d'e-commerce n'a pas résisté à la puissance financière de *Jumia*. Après huit mois d'audit, les deux fonds en lice pour y investir 20 millions d'euros se sont retirés. Afrimarket a dès lors demandé sa mise en liquidation auprès du tribunal de commerce de Paris. En liquidant son activité, l'entreprise laisse 250 personnes sans emploi, dont une trentaine en France.

Au début du mois de juin 2018, un communiqué posté sur le site web de Africashop annoncé l'arrêt des activités de l'entreprise virtuelle : "Aprés une belle aventure de trois ans, Africashop suspend son activité. Nous ne sommes pas en mesure de prendre de nouvelles commandes. Toutes les commandes déjà expédiées seront livrées. Les commandes non encore expédiées seront laissées au choix du client livrées ou remboursées". Un vrai contraste avec l'enthousiasme médiatique qui avait entouré en 2016 le lancement de cette filiale du groupe CFAO. La fermeture de cette entreprise évoluant dans le secteur du commerce électronique n'est qu'une de plus car en août 2016, *Cdiscount*, partenaire du groupe Bolloré, avait mis fin à ses activités à peine dix-huit mois après leur lancement. Mais qu'est-ce qui explique cette fin brutale, qui vient rappeler que le modèle des *start-up* repose d'abord sur une très grande prise de risque.

Stratégies ?

Notre analyse de ces expériences malheureuses nous amène à mettre l'accent sur quatre causes principales. Tout d'abord la maturité du marché : le e-commerce, extrêmement prometteur en Afrique, n'a pas encore délivré toutes ses promesses et se heurte encore à des complexités opérationnelles qui finissent par peser dans le bilan comptable. Ensuite, la frayeur des investisseurs qui estiment que seul un grand acteur peut réellement émerger et s'imposer, ce que *Jumia*, qui a levé près de 200 millions de dollars, a su concrétiser en se finançant massivement sur le marché boursier américain. Ensuite, le modèle de croissance qui repose sur des investissements très importants. Malgré ce manque de confiance et de fonds fléchés vers le continent au 1,3 milliard d'habitants, la start-up avait pourtant réussi à assurer une belle ascension durant les quatre dernières années : le volume d'affaires de sa plateforme a fini par atteindre 30 millions d'euros en 2018, contre 250 000 euros en 2015, et elle avait passé la barre du demi-million de clients depuis ses débuts. Elle avait aussi réussi à réduire ses coûts d'acquisition par huit et atteint une marge brute positive. Mais cela n'aura pas suffi à la jeune pousse prometteuse, mais confrontée à la réalité d'un système pas encore suffisamment mature pour la soutenir davantage. Enfin, la confiance du consommateur au paiement en ligne dans ces sites de e-commerce. Le consommateur africain et sénégalais en particulier est plus confiant lorsqu'il est en contact avec la marchandise avant l'achat et c'est seulement en ce moment qu'il est prêt à débourser de l'argent.

Aujourd'hui seul *Jumia* héritier de l'*African Internet Group* (AIG) fondé par Jeremy Hodara et Sacha Poignonnec et qui fêtera cette année ces sept (7) années de présence au Sénégal semble tirer son épingle du jeu. Le modèle de *Jumia* repose en particulier sur le paiement à la livraison non en ligne ou avant la livraison comme le faisaient les autres entreprises de e-commerce. Ce mode de paiement à la livraison permet de régler le problème de la confiance du consommateur africain. Dans ce système le client peut voir ce qu'il achète avant de procéder au paiement de la marchandise à l'image de ce qu'il a l'habitude de faire dans le schéma commercial classique tout en bénéficiant d'une livraison à domicile ce qui constitue un atout compte tenu des difficultés de déplacement dans les grandes capitales africaines. Ce modèle se développe de plus en plus de manière informelle avec WhatsApp qui n'avait pas était conçu au départ comme une plateforme de commerce électronique. Comme c'est souvent le cas en Afrique, la fonction originelle de l'outil a été détournée voire mieux réappropriée, pour servir de support à une forme de commerce électronique.

L'avenir

Aujourd'hui de nombreux commerçants du secteur informel exposent leurs produits, marchandises via ce canal à travers leurs groupes WhatsApp. Ils seront payés soit à la livraison, soit en utilisant les possibilités offertes par Orange Money. L'intérêt pour ces commerçants est de pouvoir bénéficier des avantages du numérique avec un investissement quasiment nul parce qu'ils n'ont pas à gérer une plateforme de commerce en ligne coûteuse ni à se préoccuper de la problématique du paiement sécurisé en ligne.

Ce modèle qui est présent en Afrique a certes des limites et ne pourra jamais concurrencer les géants que sont Amazon, eBay ou Walmart etc. ; mais peu importe, son objectif est d'abord de répondre à un besoin social du client africain. Il reste que le secteur du commerce informel en ligne comme globalement le secteur du commerce électronique échappe au contrôle de l'État et rend donc difficile son imposition et sa taxation ce qui n'est pas sans poser de problème. Malgré les risques liés à la survie des plateformes de e-commerce nous assistons à l'arrivée de nouveaux entrants sur le marché comme la startup « Niokobok, le partenaire de la diaspora sénégalaise »[18].

Si la question de l'impact économique des transferts d'argent et ses effets pervers est souvent posée, différentes études sont effectuées à la fois par les États africains aidés en cela par les bailleurs de fonds afin d'établir un cadre réglementaire et institutionnel favorable aussi bien que de saisir du point de vue opérationnel les opportunités du développement de la bancarisation. Cependant, c'est dans la recherche d'autres alternatives et méthodes de transferts d'argent plus économiquement viables pour les migrants africains que des initiatives entrepreneuriales sont espérées. En effet, sur le continent africain, les coûts des transferts sont les plus importants et représentent en moyenne 10 % du montant envoyé (BM, 2006). En plus des transferts

---

[18] Sources : https://business.lesechos.fr/entrepreneurs/financer-sa-creation/0211255282534-la-plate-forme-afrimarket-leve-10-millions-d-euros-213652.php
www.osiris.sn

d'argent, beaucoup d'associations villageoises se sont développées au cours de cette dernière décennie en lien avec les lieux d'origine. Dans certains villages, ces diasporas constituent de véritables réseaux transnationaux. Elles se substituent à la défaillance des pouvoirs publics et assurent le financement et le développement de toutes les infrastructures communautaires. De nombreux villages au Sénégal par exemple profitent de ce dynamisme associatif. L'Association du Développement de Thilogne dont Kane (2001) offre une observation de l'intérieur est un pôle fédératif parmi d'autres structures diasporiques qui œuvrent pour l'amélioration des conditions de vie des villages d'origine.

Avec la crise sanitaire de la Covid-19, les relations entre la diaspora et les lieux d'origine ont été plus renforcées. Les actions sociales réalisées par la diaspora ont été très appréciées durant cette crise sanitaire. En effet, parallèlement aux actions de l'État, la diaspora a apporté son aide aux populations vulnérables. Ainsi, la communauté de la diaspora à travers des associations, a octroyé des dons et aides alimentaires aux populations en difficulté. Les bénéficiaires ont été prioritairement les populations de leur pays d'origine, de leur région ou quartier.

Les flux médiatiques et la force des images déterritorialisées

Les réseaux de télécommunication contemporains permettent aussi de relativiser l'effet de la distance et donc de la double absence dans le cadre de la migration (Sayad 1999). Mieux, ils offrent de nouveaux espaces d'expression et un renforcement des liens sociaux à travers une « présence connectée » (Licoppe 2004) voire de « double présence » (Fekkar-Lambiotte 2007). L'essor des médias satellitaires permettent plus qu'avant aux minorités ethniques de garder des liens avec leur pays d'origine en France.

Dans les pays d'immigration, cette consommation de médias ethniques s'inscrit dans une routine et des habitudes quotidiennes. Elle peut aussi répondre à des besoins de convivialité, de sociabilité, de proximité, et d'évasion sous le mode du vivre ensemble dans la distance. Dans les boutiques ethniques, la commercialisation des cassettes vidéo et désormais des CD de musiques, de théâtres constituent un marché porteur en termes de consommation nostalgique. De même, le développement de sites d'informations communautaires s'observe. Produite par la diaspora, le cycle de vie de certains de ces sites est faible. Guignard (2007) montre par exemple pour la diaspora sénégalaise qu'« il ne faut pas mystifier les sites réalisés par les migrants qui ne se conçoivent pas forcément en opposition avec la culture commerciale occidentale. En effet, les logiques de marketing traversent de plus en plus les productions des migrants influençant même l'ensemble du web sénégalais y compris les productions d'acteurs basés au Sénégal ».

Au-delà de sa consommation, il apparaît que les diasporas saisissent de plus en plus cet outil pour constituer un espace public alternatif. Ce rôle proactif de la diaspora est analysé par Graham et Khosravi (2002) auprès de celle iranienne qui s'efforce via Internet d'influencer la situation politique nationale. Pour plus de présence et d'influence locale, il nous semble que la diaspora africaine doit dépasser les tensions internes et externes sous-jacentes à la gestion de leurs sites web médiatiques. Au-delà de leur positionnement marchand, ils doivent aider les acteurs du marketing associatif, politique, sociétal à être des relais forts et performatifs.

Les flux idéologiques et la culture du sentiment national

La diaspora africaine est aussi devenue au cours de ces dernières décennies une force politique. En France, il apparaît du point de vue de leur composition que les associations de la diaspora africaine se caractérisent par la « superposition des échelles d'action » et « l'hétérogénéité des configurations organisationnelles » (Tall 2009). Les intellectuels africains quant à eux souvent mobilisés sur des problématiques panafricaines, se sont orientés au cours de ce début de millénaire sur des enjeux nationaux autour d'associations promouvant l'enracinement local et la projection du retour. Les faibles possibilités d'insertion professionnelles au pays d'origine ont favorisé la sédentarisation et leur réalisation professionnelle en France. Cependant, d'un point de vue idéologique, des mouvements diasporiques sur la base de leurs compétences appuient les associations de développement local en expertise technique sur des champs divers. D'autres apportent de plus en plus directement leurs ressources techniques et scientifiques en partenariat avec des institutions locales. Elles pilotent ainsi des séminaires, des colloques dans leurs pays d'origine sur des problématiques locales.

Au niveau de l'action politique, la diaspora africaine commence à s'engager. Dans ce sens, les mobilisations politiques se constituent autour de réflexions sur les questions publiques africaines. Cette diaspora manifeste plus qu'avant sa volonté citoyenne de prendre part aux destinées nationales et panafricaines. Elle interpelle des représentants politiques, s'investit sur le terrain local, donne son point de vue. À ce titre, pour tout candidat à une élection présidentielle en Afrique, séduire la diaspora est devenu un enjeu politique incontournable. C'est comme si c'est elle qui construit et déconstruit la carrière des hommes politiques. En effet, les diasporas contemporaines constituent une génération décomplexée. Elles sont à la recherche de solutions disruptives à fort impact social, économique, environnemental. Elles sont moins comme c'était le cas dans le passé dans la revendication, elles assument leur poids, elles sont plus conscientes de leurs capacités, elles soutiennent et financent la société civile africaine dans ses mobilisations et ses combats. Enfin, elles se saisissent des nouvelles opportunités d'interaction facilitées par les TIC.

Enfin, à voir les liens étroits réels et symboliques que les diasporas entretiennent avec leur pays d'origine, les vacances au pays d'origine ont de beaux jours devant elles. Véritable opportunité et créneau de marché elles font vivre une « myriade d'acteurs dans une chaîne de valeurs inestimables : agences de voyages, compagnies aériennes, transporteurs de toutes sortes, banques, assurances, tours opérateurs, loueurs de voitures, hôteliers, restaurateurs, guides, interprètes, agents immobiliers, etc. » (Nguyen-Conan 2011 : 65). En effet, ces vacances au bled ont un sens identitaire. Pour faciliter ces retours et aider à vivre des expériences symboliques, les marques nationales peuvent mettre en avant l'exhibitionnisme national autour de produits (vêtements, chaussures, accessoires...) en jouant sur l'authenticité des lieux et comme trait d'union ou facilitateurs de la vie sociale. De même, dans l'industrie hôtelière, cette clientèle ethnique et/ou diasporique peut répondre à plusieurs besoins, la promotion des produits locaux et des entreprises locales/nationales. La montée de nouvelles figures consuméristes dont des consommateurs responsables en réaction à un marché global déshumanisant constituent un supplément d'âme pour ce marché. Le tourisme durable, l'éco-tourisme, le tourisme religieux, le tourisme écologique peuvent être des segments à exploiter. Afin de toucher les diasporas, le marketing touristique induit, peut promouvoir l'expérience communautaire comme support de l'« être-ensemble » (Dion, Stiz, Rémy 2012 : 20). Pour ce faire, ce marketing à destination des diasporas peut (1) défendre des lieux de convivialité afin de favoriser le contact entre populations locales et populations diasporiques (2), initier voire lancer avec des partenaires des événements communautaires et/ou folkloriques (3), aider les populations diasporiques à acquérir de nouveaux savoir-faire et compétences liées à la culture nationale (4) promouvoir des espaces de rencontre et de dialogue entre acteurs culturels, figures politiques et diasporas.

Au Sénégal, comme dans différents pays africains développant une économie touristique, cet apport des diasporas dans le champ touristique à côté du marché émetteur traditionnel a longtemps été déconsidéré. Il nous semble qu'au-delà des situations de « surenchère des dépenses en vue de racheter [leur] absence ou se racheter de [leur] absence auprès des siens » (Sayad 1999 : 197) les mouvements d'aller-retour entre pays d'accueil et pays d'origine montrent que les diasporas peuvent constituer de réels marchés de consommation. Ces diasporas peuvent intervenir à plusieurs niveaux dans cette filière touristique : en réduisant les effets forts de saisonnalité par des stratégies de *yield management* ; en participant au financement des infrastructures hôtelières ; en jouant pleinement un rôle important dans la promotion de la destination des pays d'origine. L'idée pourrait être, à l'instar d'autres stratégies de développement en marketing territorial, de faire de ces diasporas des “ambassadeurs” de leur pays d'origine (Ndione *et al.* 2017). Pour cela, il faudrait qu'elles soient accueillies pleinement lors de leurs retours en les associant dans la redéfinition des programmes touristiques et en les accompagnant dans les investissements et les projets de développement qu'elles portent.

CHAPITRE 3

CULTURE ET COMPORTEMENTS DE CONSOMMATION EN AFRIQUE

Les travaux en comportement du consommateur s'accordent et reconnaissent l'influence de la culture sur les comportements à un niveau individuel (micro) et collectif (macro) en milieu africain (Munene *et al.*, 2000 ; Debrah 2002 ; Mmieh et Owusu-Frempong 2004). Dans l'appréhension des comportements de consommateurs en Afrique, l'approche culturelle qui met l'accent sur la culture de consommation ou la « culture du consommateur » (Askegaard et Linnet 2011 : 38) est un cadre explicatif pertinent. La prise en compte des aspects contextuels dans l'analyse du comportement des individus fournit aux chercheurs en comportement du consommateur une approche plus avancée en vue d'établir une « priorité de certains liens analytiques » et une compréhension de la « structuration sociale des pratiques des consommateurs et la manière selon laquelle tous les idéaux, qu'ils soient individualistes ou non, participent d'un collectif imaginaire partagé » (Askegaard et Linnet 2011 : 38). De même, elle permet aux entreprises locales et étrangères de mieux connaître les besoins en termes de consommation. Il existe, en effet, toute une littérature sur les aspects culturels de la consommation autour « des recherches sur les origines et les causes de la culture de consommation, la signification symbolique des biens consommés, les habitudes d'achat, la sensibilité à la publicité, les représentations mentales des objets utilisés ; elle porte aussi une attention particulière à la sexospécificité, mais aussi aux différences selon la race, l'origine ethnique et la classe sociale » (Zelizer 2006 : 51). Dans la caractérisation de la culture de consommation africaine, certaines dimensions sociales et idéologiques structurent le modèle de consommation. À cet effet, il est possible de mettre en lumière plusieurs répertoires socio-culturels marqués par un « certain nombre de contradictions ou de dysfonctionnements qu'on retrouve dans les modes de vie en milieu urbain, les relations interindividuelles..., les nouveaux rapports à la famille, au groupe, à l'autorité, etc. » (Mbodji 2002 : 578).

Section 1 : Les déterminants de la consommation en Afrique[19]

En Afrique, la culture de consommation fait état de la coexistence de plusieurs structures et traditions. Il y a celles africaine, occidentale et islamique en plus des différentes richesses et complexités apportées par la multi-ethnicité et les migrations urbaines. Sousa (1968), en s'intéressant aux fonctions de consommation dans les économies africaines, dans une approche classique, montre qu'elles sont reliées dans une sorte de dualisme. Le premier groupe est constitué des consommateurs au capital culturel plus élevé et qui disposent d'un revenu moyen relativement élevé. Il regroupe les fonctionnaires et cadres qui constituent une classe socioprofessionnelle dominante. Le deuxième groupe est constitué par les consommateurs de masse moins évolués, peu compétentes qui disposent d'un revenu relativement faible en nature essentiellement. Il s'agit des agriculteurs, les artisans, les petits commerçants vivant dans les zones

[19] Une petite partie des éléments discutés dans ce chapitre proviennent de réflexions d'un auteur déjà publiées dans un ouvrage collectif en anglais.

rurales. Dans une visée typologique, Mallassis dissocie cinq facteurs de différenciation des schèmes de consommation africaine (Hérault 1987 : 129) :

– le rural traditionnel de subsistance ou à forte autoconsommation ;
– le rural diversifié qui profite de la croissance de l'économie monétaire et du développement agricole commercial ;
– l'urbain marginal ;
– l'urbain à revenu moyen ;
– l'urbain des catégories privilégiées liées à la consommation de masse occidentale.

Dans une perspective contemporaine, il est difficile de parler de modèle de consommation en Afrique. Haln (2009 : 76) dans « consommation, modèles et appropriation en Afrique » distingue les modèles explicites, une sorte de grands modèles d'inspiration occidentale et les modèles implicites du quotidien qui font l'objet d'appropriation et de transformation par les sociétés africaines. La consommation en Afrique est un champ où les influences venant d'ailleurs sont plus sensibles que dans d'autres lieux. Le moteur du développement et de la croissance africaine repose en partie sur la consommation exogène. Il nous semble pour ce faire que les professionnels du marketing en Afrique doivent s'interroger sur les flux de consommation mondialisés qui apparaissent. Cette nouvelle consommation-monde dénote d'un processus mondial d'émergence d'un style de consommation universalisé. Cette imposition culturelle et/ou consumériste suscite de nouveaux phénomènes de consommation. Elle entraîne de nouvelles hiérarchisations sociales fondées sur la capacité de consommation et la modernité du consommateur. Nous proposons de décliner ci-dessous les formes de consommation qui se distinguent particulièrement en Afrique et qui ont parfois malgré elles des conséquences politiques, économiques et culturelles importantes.

1. Consommation et culture de l'apparence

En Afrique, la culture de l'apparence va de pair avec l'ostentation et la démonstration. L'apparence est en sorte un capital symbolique qui est l'objet de luttes de classement. Elle s'enracine dans l'urbanité. Dans les sociétés occidentales, différentes recherches montrent le déplacement du curseur d'une culture de l'apparence à la culture de la transparence. Des recherches sur les pratiques vacancières montrent le souci du corps comme mode de distinction de soi (Perrier 2000). En parallèle, des travaux sur la pauvreté montrent aussi l'importance du soin du corps d'où la surconsommation de produits de beauté et esthétisant pour lutter contre le stigmate. Chez les populations minoritaires et marginalisées, la culture de l'apparence est un moyen de se camoufler, de paraître comme les autres, de ne pas inspirer la pitié. C'est une façon de ne pas être victime de stigmatisation. En cultivant une bonne apparence, il s'agit de paraître et de se différencier d'une certaine image perçue.

1.1. Apparence et projection de soi

En Afrique, la compétition sur l'apparence n'est pas un simple « syndrome de superficialité » ; elle est aussi une manière de « s'énoncer comme un sujet » (Fouquet 2008 : 257). Surtout la consommation qui gravite autour de cette culture de l'apparence permet de conforter une identité malmenée par le chômage, la précarité du quotidien, la vulnérabilité sociale et communautaire et les désirs inassouvis. La consommation de l'apparence est un moyen de sublimer son existence. C'est se prouver à soi et aux autres qu'on existe, que notre vie a un sens, qu'on ne perd pas espoir. C'est affirmer en somme une présence et une appartenance au monde. Une des dimensions majeures dans ce spectacle de consommation est la mise en scène de soi. Il s'agit de sentir vivre, revivre, mettre en situation des expériences incorporées. La pyramide des besoins n'a pas de sens dans ce contexte. Il n'y a pas de hiérarchie fonctionnelle dans la consommation. Il n'y a qu'une consommation symbolique. Cette manière de consommer peut désarçonner n'importe quel consommateur rationnel. Les gens se voient, s'observent, se comparent, à partir de la façon dont ils se présentent et se représentent. Ce qu'on a mangé et/ou bu pour son bien-être finalement ne reste pas en surface. C'est la manière dont on se présente qui compte. L'apparence est en sorte une illusion, une sorte d'artifice dans ces sociétés où l'honneur importe.

1.2. Apparence et corporéité

En Afrique, la culture de l'apparence s'affirme par des pratiques corporelles inédites. Cet hyper-investissement du corps est au service de la scoptophilie (l'amour du regard) (Appadurai 2001 : 138-139) soit pour esthétiser le corps de ces consommateurs soit pour « faire disparaître tous les signes susceptibles de rappeler [un] stigmate (Sayad 1999 : 10). Le succès des crèmes éclaircissantes en Afrique tient de ce phénomène. Cette culture de l'apparence et de la corporéité a entraîné une sorte d'effervescence sociale entre masculinité, sexualité et féminité. Elle est transgénérationnelle et sa géographie déborde des frontières de la ville pour concerner et pénétrer tous les territoires africains. Chez les jeunes générations, il est possible de voir dans ce phénomène d'exposition du corps une manière de marquer leur « appartenance à l'univers du cosmopolitisme et de leur insertion dans le temps mondial » (Fouquet 2008 : 268). Pour d'autres, notamment à travers les réseaux sociaux et le développement des TIC, le corps est affiché publiquement dans l'intention d'attirer le regard du public mondial. Nouvelle culture populaire et urbaine en Afrique, le corps danse désormais dans le monde virtuel d'Internet, d'où il peut être vu par des millions de personnes. Appadurai (2001) considère que cette intégration du corps et sa médiation par la technologie mondialisée a créé un monde où l'imagination devient, dans sa relation avec l'image, une pratique sociale. Il stipule que « le monde dans lequel nous vivons aujourd'hui est caractérisé par le nouveau rôle de l'imagination dans la vie sociale. L'image, l'imaginé, l'imaginaire sont tous des termes qui nous dirigent vers quelque chose d'essentiel et de nouveau dans les processus mondiaux : l'imagination en tant que pratique sociale ».

1.3. Apparence, corporéité et impact sur la consommation

Ce culte du corps et du paraître s'exprime dans des domaines de consommation. Au-delà des marques underground locales, cette culture de l'apparence constitue aujourd'hui le territoire des marques internationales par logique de distinction, la frontière de démarcation étant le pouvoir d'achat. Surtout, ce culte de l'apparence et du corps fait l'objet de compétitions symboliques et statutaires portées par des manifestations et des rituels cérémoniels parfois créés à cette fin. C'est tout le sens de la valeur signe dans l'industrie publicitaire africaine et de la place des femmes au service de la célébration de la beauté et de l'artifice. Ce sont elles qui sont au cœur de la consommation de l'apparence. Un des traits de la consommation de l'apparence en Afrique est représenté par la recherche de tout ce qui est nouveau. Cette recherche de la nouveauté « n'est que le symptôme d'une discipline plus profonde de consommation où le désir est organisé autour de l'esthétique de l'éphémère » (Appadurai 2001 : 138-139). Aussi, les objets de consommation deviennent rapidement obsolètes, les styles mouvants et les références fugaces. Cette valorisation de l'éphémère au-delà du corps s'exprime à différents niveaux sociaux et culturels ; « la vie brève des produits et des styles de vie, la vitesse des changements de la mode, la rapidité des dépenses ». Cette recherche de la nouveauté fait que les consommateurs sont ouverts à tous les styles, cherchent et élaborent les marqueurs de différenciation et d'identification. Ce processus de consommation de la nouveauté pour esthétiser le corps est dynamique. En Afrique, plus qu'ailleurs, la lassitude du consommateur est un réel danger pour les marques et entreprises quant à l'obsolescence de leurs produits. À tort, certains professionnels du marketing ont tendance à penser que le consommateur africain est traditionnel. Au contraire, il est souvent en attente d'être surpris dans ses habitudes, de découvrir des expériences de consommation nouvelles.

2. Consommation, culture religieuse et relationnelle

L'Afrique se caractérise par une forte présence du collectivisme ancrée et un communautarisme qui valorise le temps passé avec le groupe. En particulier, la religion et la tradition se mêlent à tel point qu'il est difficile de les distinguer ; les deux interagissent et parfois se confondent. À côté de la religion, le lien social est manifeste malgré un individualisme rampant.

2.1. La culture religieuse

La religion, la coutume, la tradition, les droits coutumiers sont les principales sources de valeurs, véritables réservoirs référentiels de valeurs morales qui régissent l'appréciation de l'individu, les relations sociales et les rapports à la communauté. Les valeurs morales sont indissociables de l'ordre religieux dans la société. La religion délimite le cadre moral et dicte les valeurs à suivre par rapport à soi, aux autres et à la communauté. L'Afrique est nichée dans un « univers religieux ». La religion fait partie intégrante de la culture entière et imprègne tous les aspects de la vie de l'Africain. C'est dans ce cadre religieux que la culture entière trouve son fondement (Mbiti 1990). Dans les villes africaines, un fait singulier a pris sa place devant la perte de repères et des liens sociaux. Il s'agit de la montée de la religiosité et, en particulier, des liturgies prophétiques et pratiques spirituelles. Désormais, il existe de nombreuses mosquées d'obédience wahabiste dans les pays sahéliens qui recrutent des masses urbaines désespérées en quête d'équilibre spirituel et de (re)conversion. Dans les pays de l'Afrique centrale, en particulier, il y a une offre spirituelle messianique. Des églises du réveil dont le discours a des fonctions prophétiques et thérapeutiques se sont diffusées dans les sociétés urbaines africaines et par l'ampleur de leurs nouveaux convertis bousculent l'orthodoxie des Églises catholiques et protestantes. « En raison probablement de leur caractère commercial, ces églises s'adaptent à la demande : pas de message haineux, pas d'appel à la violence contre une autre confession, pas d'ostracisme de peur de faire fuir les adeptes qui goûtent les messages radicaux. Elles sont une force de consolation » (Jacquemot 2013 : 118). Ces nouvelles églises se caractérisent par un rapport au matérialisme et à la consommation sans pareil. Il y a la prophétie d'une réussite sociale, de la richesse permise par des réseaux et liens internationaux d'affaires et le monde politique. Les nouveaux convertis doivent payer des deniers de culte selon le principe du « 10 % du salaire à Dieu », faire des offrandes, se montrer généreux et participer à financer des activités au bénéfice de l'Église et de son Prophète.

Au Sénégal, par exemple, les marabouts ont joué un rôle capital dans la propagation de l'islam. Après la destruction des systèmes monarchiques par les colons, la population s'est tournée vers les marabouts pour avoir leur protection spirituelle. Ils sont à l'origine des confréries. La confrérie d'appartenance ou « tarîqa » est la voie que le musulman emprunte pour accomplir les règles relatives à la « dévotion ». Le choix d'une voie permet au musulman de suivre les conseils d'un guide religieux pour mieux se rapprocher du Seigneur. L'essor des marabouts urbains et d'affaires témoignent de l'importance des confréries, de leur évolution, les disciples sont en quête de rédemption par l'intermédiaire de leur guide.

Étude de cas 6 : Agro Food Industrie

Contexte

Le marché musulman représente plus de 1,5 milliard de consommateurs. Il est devenu un créneau porteur pour les entreprises multinationales et nationales. Face à des consommateurs qui veulent intégrer dans leur choix de consommation le respect des principes religieux. Les entreprises offrent de plus en plus des produits Halal. Face à une volonté grandissante des entreprises marocaines d'intégrer le marché halal, de plus en plus d'organismes souhaitent se conformer à la norme halal marocaine et obtenir cette labellisation pour leurs produits. Les entreprises marocaines ont parié sur ce créneau pour en saisir les opportunités offertes non seulement en tant que producteurs, mais également comme des sociétés de commercialisation.

Au service de la clientèle

C'est dans ce contexte qu'est née, en 2004 à Marrakech au Maroc, l'entreprise Agro Food Industrie qui est le premier fabricant mondial de l'alimentation halal pour bébés. Les fondateurs de cette entreprise agroalimentaire halal sont Philippe Karim Charot et Bruno Montier. L'entreprise propose une gamme de plus de 80 références entre céréales, petits pots, de légumes, viandes et poisson, compotes de fruits, boissons fruités et lait en poudre. Les produits d'Agro Food Industrie sont commercialisés sous la marque "Vitameal Bay" en grandes surfaces et "Pharmameal Baby" en pharmacie, ces petits pots Halal pour bébé sont primés sur plusieurs salons.

Qatar Airways sert les plateaux-repas de la marque aux enfants à bord. 90 % du chiffre d'affaires est réalisé à l'export dans plus de 25 pays à travers le monde (Europe, Afrique, Moyen-Orient, Asie).

L'entreprise vient d'inaugurer sa première succursale à Dakar au Sénégal. Selon le co-gérant de l'entreprise, cette succursale permettra de mieux servir ses clients et prospects dans l'Afrique de l'Ouest et plus particulièrement dans tous les pays de la CEDEAO (Communauté économique des États de l'Afrique de l'Ouest.)[20].

2.2. La culture relationnelle

Les sociétés africaines en général, sont marquées par un fort sentiment d'affectivité qui l'emporte souvent sur la rationalité. Par exemple, les salutations sans fin, la palabre, le goût des cadeaux, le sens de l'hospitalité, le sourire permanent sont les signes d'une chaleur humaine typique de ces sociétés (Ollivier et de Maricourt 1990). Dia (1991) met en évidence l'orientation relationnelle collatérale du Sénégalais qui a tendance à privilégier sa communauté, sa famille et son clan. De même, les travaux portant sur le comportement vestimentaire des Sénégalais montrent que les valeurs comme la relation chaleureuse basée sur la sociabilité, le bien-être corporel, le sentiment d'appartenance caractérisé par la visibilité sociale (l'importance du paraître et de l'apparence) et l'identité communautaire influencent fortement le comportement de consommation au Sénégal. Ces relations affectives sont à la base de la coproduction de services par les participants. En effet, les individus sont à la recherche voire à la construction d'un lien qui puisse leur permettre d'être ensemble de manière différente des relations-sociales classiques (Bikanda et Méfouté Bandiang 2017). Le fait que des personnes différentes se retrouvent tous les jours au même endroit crée nécessairement des

---

[20] Source : https///www. agrofoodindustrie.com

liens et provoque un changement dans la relation entre les clients et le personnel en contact d'une part, et d'autre part, entre les clients eux-mêmes. Les relations évoluent vers plus d'intimité et de complicité. Les dimensions symboliques prennent le dessus sur les dimensions purement marchandes (Bikanda et Méfouté Bandiang 2017). Ces types de comportements culturels spécifiques, susceptibles d'affecter les stratégies des entreprises visent le marché africain.

3. Entre authenticité, emprunt et appropriation

La culture de consommation en Afrique fait aussi apparaître trois dimensions importantes au cœur des pratiques significatives : celles-ci sont entre le local et le global, la tradition et la modernité, l'authenticité et le patrimoine.

3.1. Culture de l'hybridité et consommation

En Afrique, les grandes villes sont considérées comme des lieux d'acculturation (Mbembe et Nuttall 2004). Pour ces chercheurs, la grande ville africaine est euro-centrique et colonialiste. Pour eux, les villes sont conçues en référence à un idéal occidental à atteindre. Ainsi, l'Afrique s'enracine dans des pratiques héritées de l'époque coloniale. Différents courants nourrissent ces effets d'acculturation. D'abord, le consommateur africain subit le complexe (post)colonial et les résidus de l'occidentalisation des mentalités. Souvent, il a tendance à s'identifier fortement au consommateur européen en termes d'habillement, de décoration et de loisirs, etc. Les meubles de décoration et l'esthétique de la maison correspond aux références et valeurs de consommation appréciées en Occident. Les destinations prisées pour passer des vacances sont la France, les USA, le Canada. Cette acculturation à la consommation mondiale est nourrie par les échanges nés de la mobilité et des migrations. Au Sénégal, certains espaces sont une reproduction de ceux que l'on retrouve en Italie, en France, au Canada ou aux États-Unis. Certains consommateurs sénégalais affirment vivre en Europe tout en étant en Afrique parce qu'ils retrouvent dans ces espaces les mêmes objets, produits ou services qu'en Occident. Enfin, cette nouvelle dynamique de la consommation est accélérée par le mouvement des images et des technologies visuelles qui construisent et influencent les imaginaires locaux (Appadurai 2001). C'est le sens de l'acculturation in situ (Hirschman et Touzani 2011). Surtout, cette culture de l'extraversion permet à des couches urbaines et juvéniles sénégalaises, « d'accéder à la culture mondiale, [de devenir] des acteurs du théâtre de la mondialisation [en construisant] leur propre chemin dans l'économie mondialisée du désir et de la consommation » (Diouf 2003).

À côté de cette occidentalisation des mentalités, la prise en compte de la tradition dans les comportements de consommation est devenue un facteur de différenciation pour les entreprises commerciales même si son opérationnalité comme critère de segmentation reste à démontrer. La tradition comme critère socioculturel constitue une base de segmentation très générale et assez éloignée des pratiques de consommation. Une approche psychosociologique de la tradition, fondée sur des caractéristiques et des valeurs perçues, pourrait permettre une segmentation plus contextuelle des marchés africains. Cette approche permettra d'affiner le plus possible les pratiques de consommation et d'intégrer les motivations et les croyances profondes qui s'y rattachent.

Ces significations basées sur des croyances et valeurs locales sont très efficaces pour dissocier les différents groupes de consommateurs. Les entreprises peuvent se baser sur des valeurs locales liées à la tradition pour segmenter leur marché. Les travaux réalisés par Diop (2002) au Sénégal montrent que les tenues traditionnelles doivent être capables de refléter la « Visibilité sociale » et la « Sociabilité » tout en assurant un « Bien-être corporel ».

De ce fait, les entreprises peuvent se positionner sur le marché de l'habillement traditionnel en mettant en évidence les orientations sociales et relationnelles des Sénégalais. Ces orientations reposent sur des attributs déterminants comme le caractère local ou léger de l'habit, le prix/qualité, le style ; des conséquences déterminantes comme le sens de la responsabilité, l'adaptation au climat, être bien dans sa peau ; des valeurs déterminantes comme le sentiment d'appartenance, la relation chaleureuse, la modestie. Une stratégie de communication basée sur ces critères pourra accompagner leur politique commerciale.

Encadré 6 : Le port du vêtement traditionnel

Les témoignages de quelques consommateurs sur l'attachement aux valeurs traditionnelles locales.

La tenue occidentale, telle que le pantalon, était une propriété exclusive de l'homme il symbolise l'autorité : « le pantalon dans la famille symbolisait l'autorité de l'homme sur la femme, comme c'est le cas entre le commandant et son subalterne dans l'armée. Seul l'homme pouvait et devait le porter dans la famille » (H, 52 ans, tailleur).

Le vêtement est tout d'abord un message, une expression « le port de vêtements traditionnels correspond à un message de défi. C'est une forme d'expression de la volonté collective et individuelle de sauvegarder l'héritage culturel » (H. 41 ans, chauffeur).

Dans certaines ethnies sénégalaises, les personnes portent des habits de même couleur ou de même style (modèle), de génération en génération par recommandation des anciens « chez nous les Sérères, on porte des habits de même couleur ou même style pour se protéger du mauvais sort et le respect de cette tradition permet aux descendants d'avoir une bonne santé et une longévité » (F., 35 ans, commerçante).

Chez les femmes mariées, le port d'une tenue traditionnelle est indiqué et il devient obligatoire chez les femmes enceintes « le port de mouchoir de tête est recommandé aux femmes et particulièrement aux femmes enceintes. Il évite d'avoir des maux de tête récurrents et protège des mauvais esprits » (F., 37 ans, restauratrice) ».

L'image que les autres ont de la personne est déterminante dans la société « la tenue traditionnelle est respectable, elle donne à la personne qui la porte un sens de responsabilité et de droiture » (H ; 64 ans, commerçant).

Le Sénégalais se débrouille toujours pour enrichir sa garde-robe à tout prix, l'essentiel pour lui c'est d'arriver à « taper l'œil » « frimer sécurise car l'individu a besoin de se savoir admirer. Cela lui permet de se dire qu'il n'est pas le nul ; qu'il vaut en quelque sorte quelque chose. Cette envie de séduire devient un sentiment normal qui est propre à tous les hommes même si, par ailleurs, les degrés différent » (H., 30 ans, employé de banque).

Certains individus vont jusqu'à associer le vêtement à Dieu, « le fait de s'habiller en tenue traditionnelle rapproche de la religion musulmane » (F., 54 ans, commerçante[21]).

L'étude sur les valeurs requiert aujourd'hui une importance en raison des tensions et des mutations que connaissent les sociétés contemporaines dans le cadre d'une globalisation qui fait rejaillir à la fois, et paradoxalement, la tendance des particularismes culturels et celle de leur uniformisation. L'évolution des valeurs n'a pas le même rythme que celle des autres faits sociaux, dans la mesure où les valeurs ont un ancrage dans les consciences et les mentalités. Elles obéissent à une temporalité propre qui pourrait se caractériser par de la lenteur et par des retours vers des valeurs anciennes sous des formes de modernité.

[21] Source : Diop-Sall F. (2012), « Tradition et comportement de consommation au Sénégal : une étude exploratoire sur la tenue vestimentaire », *La Revue des Sciences de Gestion*, n° 261-262.

Le consommateur africain moderne est partagé entre la tradition et le moderne. Les effets de la mondialisation lui permettent à travers les canaux de communication moderne tels que Internet, Facebook, Twitter, Instagram,…, d'être au courant de tout ce qui se passe dans le monde et de connaître les évolutions de la consommation. Du fait de toutes ces influences, nous assistons aujourd'hui, en Afrique, à des figures culturelles hybrides émergentes. Celles-ci se renforcent de telle sorte qu'il est difficile de déterminer la frontière entre le local et le global, le colonial et le post-colonial, le migrant et le sédentaire, le natif et l'allochtone, la tradition et la modernité, l'urbain et le rural. Cette hybridité de la culture matérielle fait, qu'au final, le processus d'adoption de certains produits est tellement abouti que leur origine étrangère est méconnue. La globalisation et l'existence de réseaux transnationaux ont contribué à ouvrir les territoires des valeurs. Cette situation a fait en sorte que les valeurs deviennent l'objet d'enjeux culturels. Avec les changements progressifs qu'ont connus ces sociétés, par l'effet des dynamiques internes et externes comme la colonisation, la migration, les médias, la globalisation, la modernité, les conflits autour des valeurs, phénomène généralement appelé « la crise des valeurs », deviennent une réalité et une source de tension dans de nombreuses sphères de ces sociétés. Les individus et les groupes qui étaient pendant longtemps dissous dans la nation, confondus dans la tribu et la famille, protégés par des formes de solidarités traditionnelles, circonscrits dans un système de valeurs propres à leur aire culturelle, se trouvent aujourd'hui témoins et acteurs des liens familiaux et sociaux en recomposition et des valeurs en grande transformation.

3.2. Culture de l'urbanité et consommation

En Afrique la majorité de la population est concentrée dans les capitales économiques et politiques. Pour Mbembe et Nuttall (2004), la ville est « un site du fantasme, du désir, de l'imagination », de la « superfluité », de la « stylisation de soi », un « projet esthétique » et un site du « mélange et de l'improvisation ». La complexité et diversité de la population dans les grandes villes nécessitent que les chercheurs s'intéressent à la ville africaine où se trouve « l'enracinement à d'autres ordres de visibilité, d'autres niveaux de sens ». Ces « niveaux de sens », ce sont : « les marques et les produits de grande consommation, les autoroutes et les flux lumineux, les devantures des boutiques et les panneaux publicitaires géants, une architecture nouvelle et, d'une manière générale, la technophilie », éléments qui tous ensemble définissent une esthétique de l'abondance » (Mbembe et Nuttall 2004 : 8). On trouve dans les grandes villes africaines une diversité de population allant des habitants des quartiers défavorisés, des vendeurs de rue, des prostituées, des employés de maison, des délinquants aux « intellectuels ». Cette population hétérogène a des besoins variés et sollicite des marques comme des produits de grande consommation. De nouvelles géographies du commerce et de la consommation redéfinissent les horizons économiques et culturels de la grande ville africaine. C'est dans cette configuration actuelle de la grande ville que se développe une nouvelle approche du comportement de consommation.

Aujourd'hui, les comportements des consommateurs en Afrique et au Sénégal en particulier ont fortement évolué. Ce ne sont pas seulement les femmes qui sont mandatées pour acheter des produits alimentaires, les hommes se rendent également aux points de vente et font les courses. Les nouveaux consommateurs veulent une offre diversifiée et organisée. Dans la disposition et présentation des produits, ils ne veulent être ni bousculés, ni agressés, cela facilite leur choix. Ils veulent acheter selon leur pouvoir d'achat (à des quantités variées : micro-détail, demi-gros ou en gros), à des prix très compétitifs. Ils souhaitent de moins en moins marchander parce qu'ils n'ont plus le temps. Avec l'urbanisation, il apparaît aussi que les individus se détachent de leurs ancrages communautaires. Dans cette tendance à l'émancipation, de nouvelles pratiques et réseaux ont pris leur place avec comme stratégie de permettre une nouvelle socialisation des masses urbaines.

3.3. Entre don, troc et marché

Une autre spécificité en Afrique est son paradoxe marchand. À côté de l'économie du marché à la fois artisanale et moderne, officielle et officieuse, il y a l'importance des pratiques de don. Le don est présent et est une réalité quotidienne à différents niveaux du social. Loin de perdre de la vitesse et de disparaître à travers l'avènement de la modernité, « les rituels oblatifs conservent d'autant plus d'importance que c'est une façon pour une société très commerçante de préserver son identité tout en s'insérant de gré ou de force dans le marché mondial » (Latouche 1998 : 43). Les choses échangées portent sur tout, des objets, des salutations, du thé, des emprunts, l'hospitalité. Le don et contre-dons revêt des dimensions magiques, rituelles, superstitieuses voire symboliques. Cette anthropologie des échanges et des dons des sociétés africaines continue d'irriguer le marketing et les logiques d'échanges qu'elles soient économiques ou socio-culturelles. Toute la sphère est touchée par ce circuit d'échange à tel point que la frontière entre le marchand et le non marchand est difficile à déterminer. En dehors du réseau familial et de parenté où les relations sont d'une nature sacrée, il y a un vaste domaine où s'entremêlent de façon complexe ces rapports hybrides. L'essor des crédits de consommation dans les boutiques (ou « bons » dans le langage familier), des modèles économiques de paiement et de transferts de crédit entre réseau social comme dans la téléphonie traduisent cette forme archétypale de l'échange.

En somme, ces échanges fluidifient les relations sociales, mais aussi permettent la mise en circulation des biens. À côté de ces logiques d'échanges fondés sur la valeur du lien social (Kula), il subsiste aussi, celles qui permettent de maintenir, voire d'affirmer, une autorité. La pratique des dons ostentatoires, qui frisent le gaspillage, la destruction font partie de ce cas de figure. On est là dans la figure du potlatch, ce don qui marque la compétition, la rivalité, le pouvoir. Vidal (1991 : 134) dans son ouvrage sur la sociologie des passions montre comment par exemple « l'esprit du capitalisme ivoirien se réalise aux antipodes d'une éthique de l'austérité ». L'ascétisme d'un riche, loin de passer pour de la vertu, signifierait bien plutôt une scandaleuse avarice. Aussi un mode de consommation prévaut, celui de consommer, dépenser, pour pouvoir continuer à consommer, à dépenser. La prodigalité s'impose à ceux qui sont détenteurs d'un capital économique dont les biens, issus d'une position de pouvoir, sont, pour une part, investis à les maintenir afin de paraître et de ne pas subir le mépris du voisinage. Au Sénégal, dans le secteur informel, par exemple, Gning (2013 : 342) souligne que dans les systèmes de solidarité fondés sur des dons et des contre-dons obligatoires, ceux-ci permettent de nourrir et d'irriguer les réseaux sociaux. Aussi, les femmes de ce secteur pour conforter leur statut social se livrent à des dépenses de prestige en mettant en scène l'exemplarité d'une trajectoire commerciale réussie. « Ces formes de redistribution, parfois ostentatoires, constituent une manière pour elles, de légitimer leurs revenus, de consolider leur statut de femmes d'affaires et de se procurer une certaine respectabilité auprès des pairs ».

L'individualisation des sociétés africaines, le triomphe de l'utilitarisme et du matérialisme fait que le champ du don est menacé. Cependant, il se nourrit encore du lien social et d'une sorte de morale religieuse ou d'éthique de responsabilité. Ce lien social est par exemple au cœur du processus d'adoption de nouveaux produits, du processus de décision, des processus d'échange et de la fidélité des consommateurs. Au Sénégal, le réseau social et familial agit fortement dans la formation de « nouvelles représentations positives par rapport à l'innovation ». La procédure s'opère comme suit : « un produit nouveau se doit d'être goûté et accepté seulement en présence des membres de la famille ou d'amis intimes. Cette confiance, pour tenter une innovation, est d'autant plus forte que les amis sont de la même religion » (Desjeux 1994 : 130). C'est dire que des déterminismes sociaux et culturels pèsent encore dans certains actes de consommation.

Néanmoins, de plus en plus d'Africains comme dans les sociétés occidentales ont recours au marché pour s'émanciper des contraintes des pratiques du don. On « comprend que la « solution » du marché ait été choisie dans l'histoire chaque fois que l'établissement d'un lien social était impossible, indésirable ou que le lien antérieur devenait insupportable » (Latouche 1998 : 79). Mais cette marchandisation du monde risque à terme de poser des questions réelles. Latouche pose deux interrogations fondamentales. Si tout le monde devenait marchand, de quoi le marchand vivrait-il ? En effet, pour qu'on puisse vendre plus cher que l'on achète, il faut trouver quelqu'un qui accepte d'acheter plus cher qu'il ne vend. Ensuite, se demande-t-il, la marchandisation intégrale ne risque-t-elle pas de rendre tout désir humain candidat à l'échange ? N'est-il pas plus pertinent pour lui de protéger la puissance publique de la marchandisation pour éviter son asservissement au marché. L'Afrique se situe en somme à la croisée des chemins entre la pesanteur du lien social avec ses contraintes et la destruction marchande du social par la libération des individus aux normes de réciprocité. En attendant, don et marché coexistent, cohabitent et se nourrissent l'un et l'autre. Cette hybridité dans les pratiques d'échange est au cœur des pratiques de consommation des individus et des sociétés dans leur rapport de bon voisinage et de cousinage à plaisanterie. À côté de ces deux systèmes économiques, le troc, forme dominante des échanges de l'Afrique pré-coloniale, reprend de la vigueur. Réunissant la « coïncidence de deux volontés (d'échange) à la différence de la monnaie qui affranchit de cette concomitance » (Brasseul 2016), le troc se réinvente. Facilitateur par rapport à la monnaie dans les rapports d'échange, il assure une bonne partie des économies des zones frontalières africaines. Il nourrit aussi différents marchés parallèles et constitue un business florissant pour ses usagers. Si dans la pratique, le troc à la muette encore appelé échange silencieux ou commerce par dépôt qui proscrit le contact entre les parties prenantes et négociateurs tend à disparaître (pour des raisons de confiance notamment) (Faure 2014), le troc postmoderne s'inscrit dans une nouvelle forme de consommation autour du consommer autrement. En Afrique du Sud, le troc de maison est en vogue. Au Maroc, aussi, le troc de vêtement se formalise via des réseaux numériques comme la plateforme Keetzo.ma.

Section 2. De la réinvention de la consommation et du marketing en Afrique

Le développement et la dynamique de consommation en Afrique ont souvent été pensés de manière isolée. Les objectifs de développement sont indexés sur les besoins humains et les attentes des opérateurs économiques et de production. La consommation quant à elle n'a presque jamais fait de réflexion critique de ce type. Peu d'hommes ou de femmes politiques se sont interrogés sur les priorités de consommation en Afrique et la manière d'articuler les objectifs de développement humain et la consommation humaine. Ger, cité par Haln (2009 : 77), montre comment cette contradiction peut être néfaste. En prenant l'exemple du Sri Lanka, il indique comment le projet d'alphabétisation fondé sur des méthodes participatives a échoué. En effet, au lieu d'investir leur argent dans l'achat de matériel d'alphabétisation, il est apparu que beaucoup d'hommes et de femmes investissaient celui-ci dans des pratiques de jeu de la loterie nationale. Cet exemple montre comment malgré la pertinence d'un projet, l'engagement des formateurs, des priorités de consommation implicites peuvent dérouter ses objectifs. Un questionnement sur les besoins et les désirs des consommateurs urge en Afrique.

Tim Burke (1996) dans *Lifebuoy Men, Lux Women* observe en Afrique que les plaisirs de la consommation sont devenus de plus en plus liés de manière explicite à la satisfaction de la chair et de ses besoins. Aussi se demande-t-il si nous n'avions pas fait du corps le seul centre de l'élaboration des formes de stylisation et, de ce fait, risquer de séparer, par exemple, le corps des femmes de leur conscience. C'est justement la question que pose Chakrabarty (2000) qui s'inquiète des conséquences culturelles de la marchandisation du monde et du fossé qu'il ne cesse de creuser entre corps (incarnation) et conscience (abstraction). Pour lui, la marchandisation de la culture en tant que style de vie ne peut restituer les mondes dont elle s'inspire. Pour cela, elle requiert d'un côté la suppression des singularités locales et de l'autre côté elle a besoin de la matérialité des objets voire de la tangibilité des personnes pour « accorder une crédibilité et une désirabilité à ses revendications abstraites ». Aussi « la construction d'un soi contemporain est rarement aussi transparente que l'on voudrait bien le croire ». Aussi, nous discutons dans les points suivants sur la manière dont les consommateurs et les professionnels de marketing doivent se saisir de leur pouvoir.

1. De la nécessité de faire du marketing autrement en Afrique

En Afrique aussi, la consommation est au cœur du quotidien. On accuse dans cette évolution, le marketing et la publicité d'être des outils de servitude marchande à partir de trois leviers : « celui de la création des besoins, de la rationalité violée par le conditionnement commercial et celui de l'influence psycho-culturelle de l'idéologie marchande » (Hérault 1987 : 36). Le marketing transactionnel celui de créer, susciter et maintenir la demande d'un produit, d'un marketing multiplicateur économique est appelé à coexister avec un macro-marketing qui s'affirme et qui dépasse les frontières de la micro-économique pour s'intéresser en plus aux besoins des consommateurs : soutenir ceux-ci et les gouvernements, les causes sociales et sociétales et les préoccupations économiques. C'est dire que les techniques du marketing dans le contexte africain doivent s'imposer comme des instruments potentiels de changement social. En Afrique, plus qu'ailleurs, il y a un déficit d'amour-propre et de confiance, un déficit de compétences, des déficits structurels sans doute plus profonds mais travailler au moins sur ceux-ci permettraient de soulever des barrières fortes. Peu d'auteurs se sont interrogés sur la place du marketing en Afrique dans son processus de développement.

Selon Hérault (1987 : 67-68), il se dégage deux courants et conceptions du marketing quant à ses liens avec le développement. Pour les précurseurs de l'approche évolutionniste, le marketing est un sous-ensemble du système de développement, il stimule le développement économique à travers des changements de comportements, d'attitudes, de valeurs des acteurs. Comme catalyseur de développement, ensuite, le marketing aide à la meilleure coordination entre des marchés qui s'opèrent aux niveaux horizontal et vertical. La conception adaptative suggère que les stratégies marketing doivent être conçues en prenant en compte sur le plan interne la structure socio-économique (offre, pouvoir d'achat des consommateurs) et sur le plan externe « une meilleure connaissance des complexités du marché mondial, une reconnaissance des déséquilibres du marché interne et une prise de conscience de l'interdépendance interne et externe du système marketing avec celui de développement » (Hérault, 1987 : 85).

Dans la pratique du marketing en Afrique, Olliver et De Maricourt (1990 : 28-29), pour leur part, distinguent les objections de principe et les obstacles pratiques. Au titre des objections de principe, ils retiennent trois principales :

– La première objection porte sur le processus des stades de développement suivant une théorie dite empirique qui voudrait que le marketing suive mais non ne précède le développement économique.

– La deuxième objection fait référence aux coûts de l'activité marketing en s'interrogeant s'il ne faudrait pas mieux consacrer ces ressources au développement de la production et à l'amélioration des techniques productives, dans les secteurs considérés comme prioritaires comme l'agriculture et l'industrie ?

– La troisième objection liée aux précédentes, découle d'une doctrine économique qui promeut les mécanismes de l'économie de marché (inséparable du marketing) dont beaucoup d'élites politiques africaines formées au marxisme ont du mal à s'accommoder pour des raisons idéologiques.

Ces objections peuvent pour chacune d'entre elles être questionnées.

Concernant, enfin, les obstacles pratiques au développement du marketing en Afrique, Alain Ollivier et Renaud de Maricourt en retiennent six :

– « L'esprit de production » qui laisserait à penser qu'il faut d'abord faire face aux faibles capacités de production avant de penser à vendre.

– « L'optique import » avec la présence de beaucoup d'intermédiaires qui cherchent à faire des coups plutôt qu'à pénétrer le marché en profondeur.

– Une distribution traditionnelle de masse peu efficace et très coûteuse, par rapport aux services qu'elle rend, ce qui renchérit les prix au consommateur et atténue ou même annule les effets des progrès de productivité qui ont pu être obtenus dans l'agriculture ou l'industrie.

– L'absence d'économie monétaire. Les notions de marché et d'échange ne favorisant guère l'introduction du marketing, cette remarque naturellement est à relativiser fortement.

– L'importance de l'analphabétisme avec une forte population non scolarisée à l'école française.

– L'insuffisance d'infrastructures, la majorité des routes, devant faciliter les échanges, sont défectueuses ou non praticables.

Somme toute, les auteurs reconnaissent qu'il serait vain de prétendre que seul le marketing peut trancher un problème aussi fondamental que le développement économique de nombreux pays, mais il peut jouer un rôle critique dans ce processus dans une double mesure. D'une part, par sa fonction passive, le marketing peut contribuer à l'instauration d'un ordre économique fondé sur le choix de la majorité. D'autre part, cette fonction d'arbitrage du marketing entre production et consommation suppose :

– d'orienter les investissements et la production en fonction des besoins réels des consommateurs ;

– de maintenir l'équilibre entre le développement de la production et la croissance de la consommation ;

– de faire en sorte que ce qui est produit soit mieux utilisé et contribue réellement à l'amélioration.

1.1. Pour une approche par les besoins (ascendant) et la participation (descendant)

Développer un marketing amont ou un marketing ascendant, c'est celui-là qui seul permet, dans une approche systémique, la satisfaction des acteurs dans leurs actes de consommation. Le marketing amont, dans des processus de développement permet, quelle que soit l'unité de consommation et de production considérée, d'observer les goulots d'étranglement, les effets pervers dans les comportements et pratiques de consommation, dans la circulation des biens et services. En effet, il faut dans toute culture pouvoir dissocier le besoin de son mode de satisfaction et de réalité qui est une donnée culturelle. « Instruire, éduquer un enfant, c'est former en lui l'homme total conscient, responsable et qualitativement intégré dans le devenir de son pays » (Ela 1971 : 18). L'approche des besoins essentiels, suppose également de se demander : doit-on répondre aux besoins exprimés ou ressentis ? Le besoin est selon Hérault (1987 : 127), une relation entre une personne ou un groupe social et cette chose existe dès qu'il est reconnu comme tel.

Le besoin ou son expression est contingent. Elle dénote d'un enjeu social. La hiérarchisation des besoins est culturellement contestable. Il n'y a pas de besoins universels. Dans certaines sociétés, il apparaît que la nourriture et autres besoins fondamentaux ou primaires passent avant des besoins d'un ordre plus psychologique et inversement. En Afrique, dans ce contexte de manque, développer un marketing ascendant c'est se concentrer sur ce qui fonde le bien-être du consommateur, ce qui lui fait accéder au bonheur et à l'épanouissement personnel et collectif. C'est engager et susciter des arbitrages dans les choix de consommation. C'est d'un point de vue d'un marketing politique, orienter les financements, les subventions selon ce qui fonde la satisfaction des consommateurs et taxer l'accès aux autres besoins pour financer ceux socialement définis. En effet, de manière pragmatique « une meilleure atteinte des besoins essentiels est susceptible de favoriser le potentiel de croissance en augmentant la qualité de vie des gens qui demeurent l'actif de production le plus grand d'un pays » (Steward 1985).

Le marketing africain doit également être fondé sur la participation du consommateur dans la définition des besoins, des activités, des pratiques de consommation. C'est à travers l'éveil et son engagement, qu'il est possible de contourner les risques, contraintes et échecs commerciaux. Pour ce faire, le recours à des groupes d'opinion, des personnes-ressources, des leaders charismatiques voire traditionnels comme éclaireurs des modalités de la pratique marketing en Afrique sont appréciables. L'enjeu est de sortir d'un marketing bureaucratique. En Afrique comme ailleurs, les forces et agents socio-culturels ont un rôle particulier dans les comportements économiques. Développer un marketing ascendant c'est aussi être capable d'initier des expériences pilotes, de susciter l'effet de démonstration utile dans les processus d'innovation sociale.

1.2. Pour une approche par la compétence culturelle

Faire du marketing africain c'est aussi engager toute une communication autour de la socialisation à la consommation et de l'appropriation culturelle de ces objets de consommation. Par travail d'appropriation culturelle, nous désignons le processus de donner aux biens appropriés de nouvelles significations en accord avec les dynamiques socio-culturelles, voire, de les rejeter quand la manipulation de ces objets et l'adoption de ses significations sont susceptibles de se traduire par un bouleversement du champ de consommation. Ce travail de localisation et d'authentification de la marchandise est important dans le contexte africain. Il ne s'agit pas d'avoir peur de la mondialisation de la consommation. Celle-ci doit aussi être saisie comme une opportunité dans la circulation des idées, des marchandises, des styles, des conventions. Celle-ci crée de nouveaux espaces de consommation utiles au bien-être collectif. Il s'agit simplement d'imposer un travail de tri sélectif culturel de manière à aider les consommateurs à penser leur consommation et à agir sur celle-ci. Cette logique d'appropriation de la consommation doit concerner toutes les marchandises et la culture matérielle qui circulent et s'échangent. Il ne doit pas y avoir de transfert culturel ni de transfert de technologies sans la mise en place d'un marketing de transfert de technologies. C'est celui-ci qui doit guider et aider l'appropriation des solutions et innovations industrielles ou de marché et en favoriser la vulgarisation dans les unités de consommation et de production les plus éloignées. La capacité d'absorption culturelle d'une technologie est indispensable. Sans accompagnement culturel, un transfert de technologie perd de son efficacité. Cette capacité d'appropriation doit être triple. Elle est d'abord technique, c'est la diffusion du savoir-faire nécessaire à son utilisation pour éviter les effets pervers ; elle est culturelle pour éclairer les conditions et modalités de transfert, elle est enfin socio-économique afin de construire le dispositif d'entretien, de conservation de ces technologies selon les contingences culturelles et les effets d'expériences locaux.

La pandémie Covid-19 doit être un levier d'innovation et de catalyseur de la croissance pour l'Afrique. Il importe de générer plus que jamais des idées novatrices et à fort impact socio-économique de manière à tracer la voie vers l'avènement d'économies africaines plus robustes et agiles. « Selon l'Organisation mondiale de la propriété intellectuelle, plus une économie est développée, plus elle innove et inversement, mais certaines économies brisent ce modèle en affichant des performances qui peuvent être meilleures ou pires que prévu[22] ». Il appartient au continent africain de tracer sa propre voie dans cette urgence à l'innovation et de récolter les dividendes économiques. Pour cela, il importe de réorienter les investissements publics vers les secteurs porteurs et capables de stimuler et d'actionner des dynamiques de croissances fortes. Ces secteurs peuvent concerner les infrastructures des TIC (notamment la démocratisation de l'Internet à haut débit et la fibre optique), la numérisation de l'administration et des services publics, la robotique, les drones, etc. Il s'agit aussi de développer localement la créativité et l'entrepreneuriat. À cet effet, les États doivent développer des environnements et des écosystèmes propices à l'innovation, l'esprit d'entreprise (par l'organisation de concours, le financement de programmes d'accompagnement de start-up locales et aussi le développement d'incubation et des *Techs Hubs* en lien avec des parties prenantes engagées sur ces solutions). Il s'agit d'augmenter les performances industrielles des entreprises, d'améliorer le climat des affaires et la gouvernance et d'investir de manière soutenue dans les réseaux de transport et de mobilités. Au-delà de la recherche universitaire, le secteur privé doit, de son côté, s'engager plus fortement dans la numérisation et la transition numériques des économies et des entreprises africaines. Il s'agit de promouvoir le commerce en ligne, les paiements électroniques, etc., et d'opérer des changements majeurs dans les structures de l'emploi et de la production en Afrique[23].

1.3. Pour une approche par le désir communautaire

En Afrique, plus qu'ailleurs, le marketing doit jouer un rôle sociétal dans l'éducation consumériste et la fabrique

[22] https://www.afro.who.int/fr/news/la-covid-19-stimule-linnovation-en-matiere-de-sante-en-afrique

[23] https://www.afro.who.int/fr/news/la-covid-19-stimule-linnovation-en-matiere-de-sante-en-afrique

d'une culture de consommation locale. Souvent encore, des produits, des objets, des services sont diffusés par l'industrie marketing et publicitaire sans visée critique. Trop souvent encore, elle accompagne le processus d'acculturation à la consommation mondiale, démultiplie les besoins et les envies de consommation et sert d'appareil de vulgarisation d'une certaine orientation de la consommation. Au contraire, plus que jamais, les professionnels du marketing en Afrique doivent être des bâtisseurs de normes et des médiateurs culturels qui peuvent influencer la philosophie de la consommation et la conception du marché par les acteurs locaux. Dans d'autres contextes sociaux, ces marketeurs ont pu permettre de ré-équilibrer les relations de domination culturelle. Aux États-Unis, en particulier, Lamont et Molnar (2001) suggèrent qu'ils ont aidé à rendre visible et significatif les pratiques de consommation des Afro-Américains, d'en faire une identité collective et un trait distinctif positif, ce qui a permis à cette communauté d'imposer une part de leur patrimoine comme le New-Mainstream (Garcia 2004). C'est dire qu'en Afrique, les professionnels du marketing doivent plus que jamais jouer leur rôle dans la définition et le périmètre des besoins, des valeurs, des idéologies de la consommation et du consumérisme. Par leurs techniques opérationnelles, ils doivent inciter à la relance de la consommation locale, durable, écologique et solidaire pour juguler les problèmes de pauvreté, de santé, de durabilité et favoriser par conséquent le bien-être du consommateur. De même, dans un contexte de vulnérabilité des consommateurs, les entreprises africaines doivent être un « lieu d'apprentissage de meilleures pratiques, ou un relais de connaissances, à l'image de chaînes de distribution en Amérique latine (…) qui favorisent les courses en ligne dans des espaces dédiés avec l'aide du personnel, afin d'éviter notamment les phénomènes de tentation ou de frustration ou de dépassement du budget répandus parmi les consommateurs pauvres » (Gorge et Özçağlar-Toulouse 2013 : 51).

1.4. Pour une nouvelle approche entrepreneuriale endogène

L'approche de l'entrepreneuriat que nous défendons s'inscrit dans une logique sociale, inclusive et dynamique. Elle appelle aussi à une coopération des acteurs industriels pour dépasser la spécialisation traditionnelle des marchés et les ressources limitées pour promouvoir des marchés de niche, des innovations-produits répondant à des besoins réels des consommateurs. Pour se positionner à l'échelle mondiale, cette approche d'entrepreneuriat doit se fabriquer une image, une personnalité, une marque à partir d'avantages comparatifs singuliers. En effet, dans le commerce des marchandises, les activités marketing, en particulier, celles qui « donnent les utilités de temps, de lieu et de forme aux produits constituent un élément crucial des succès de pénétration des marchés mondiaux » pour les pays en développement (Hérault 1987 : 84). Par exemple, sur le marché des services, des innovations sociales, du marché de l'informatique, du manufacturier léger (à haute intensité de main-d'œuvre), des produits alimentaires (fruits et légumes) et halieutiques, l'Afrique peut apporter de la valeur ajoutée. Pour ce faire, le marketing de ces produits doit reposer sur la qualité, l'innovation, l'audace, le professionnalisme, pour rendre dans l'esprit du consommateur international, la consommation, l'usage et la possession de produits et services africains sans risque ni préjugés rédhibitoires. À ce titre, la communication-produit devrait être moins orientée vers l'exotisme et le marketing de la différence (Sengès 2003) mais s'ancrer sur le marché de la globalisation des échanges. C'est d'autant plus significatif que dans les économies mondialisées et délocalisées actuelles, il devient impossible de déterminer quel est le pays d'origine d'un produit étant donné sa circulation dans leur processus de production (Phau et Prendergast 2000).

En particulier, l'expérience de la banque mobile et le M-PESA exportée par le biais de Vodafone en Roumanie avec des possibilités d'extension en Europe centrale et orientale constitue un modèle de l'innovation africaine au service de l'inclusion financière mondiale. À partir de la démocratisation du mobile, des possibilités d'étendre les services de paiement mobile en développant une plateforme d'épargne, de prêts et d'assurance, comme M-Shwari Kenyan, qui a engrangé plus de 270 millions de dollars de revenus dès sa première année de mise en service, est une solution pour le financement collaboratif. De même, d'autres instruments de gestion solidaires, de systèmes d'informations pourraient trouver un marché potentiel. À l'ère du consommateur malin, de la consommation collaborative et responsable, l'Afrique a des ressources à faire prévaloir.

Un autre marché qui pourrait être développé c'est celui de l'entrepreneuriat basé sur l'économie de la fonctionnalité et du développement durable. Selon McDonough et Braugart (2006), le modèle du berceau au tombeau (cradle to grave C to G) caractérisé par la surconsommation des ressources, et l'économie de l'obsolescence rapide doit laisser sa place à celui du berceau au berceau (cradle to cradle C to C). Ce nouveau modèle qui disent-ils s'inspirent de l'écosystème de la nature et permet d'avoir un système de production cyclique. Ce modèle C2C ne doit pas être l'apanage des économies occidentalisées. Dans le contexte africain, ce paradigme permettrait de concevoir des produits plus adaptés au cycle de vie ou d'usage des individus et de leur consommation. C'est développer une industrie de recyclage. En effet, dans différents pays africains, la question de la gestion des déchets est entière et pose un réel défi aux écosystèmes (péri)urbains. La fabrique de l'éco-emballage ou des emballages bio-dégradables doit être intégrée dans le système industriel. De même, les marchés des déchets technologiques (ordinateurs, équipements électroménagers) et mécaniques (automobile, pièces détachés) provenant d'Europe pullulent dans beaucoup de pays africains du Mali au Ghana en passant par le Sénégal générant de nombreuses difficultés d'assainissement et de pollution. Faudrait-il continuer d'accepter d'être la décharge du monde et le foyer de réceptacle de produits toxiques et encombrant plutôt que de développer des solutions locales, des systèmes circulaires propres, ré-utilisables. L'Afrique doit apprendre de l'esprit du jugaad indien. C'est cette incroyable faculté à bricoler, à s'adapter, à trouver les solutions, à contourner les difficultés. La figure de Tulsi Tanti qui a commandé une éolienne pour régler les problèmes de coupure d'électricité permanente jusqu'à être aujourd'hui un des leaders du marché de l'éolien est éloquente.

Au terme de cette section, il apparaît que la consommation africaine est complexe et tient à plusieurs leviers. La socialisation du consommateur nous semble être une approche sociétale dans laquelle le marketing doit s'orienter pour influencer positivement ces comportements. Nous avons brossé différentes perspectives et exploré plusieurs directions pour exercer un marketing contingent en contexte africain. Plus que jamais dans un contexte précaire, évolutif et contrasté, captif et vulnérable, le travail du marketing est d'aider à une consommation responsable et durable. Pour cela, nous avons brossé plusieurs voies afin d'autonomiser et de favoriser le bien-être individuel et collectif de ces consommateurs.

CHAPITRE 4

CONSOMMATION, DISTRIBUTION ET TECHNOLOGIES EN AFRIQUE

Le secteur de la distribution et du commerce est, par essence, un domaine de consommation important. On parle de consommation de masse. Bien que l'Afrique soit en retard concernant cette forme de consommation, l'implantation croissante des entreprises internationales du domaine de la consommation (produits et services) montrent une dynamique intéressante qu'il convient de mieux comprendre. Dans ce chapitre, nous étudions le phénomène en deux sections. La première section présente la consommation et la distribution. La deuxième section analyse la notion d'innovation et les nouvelles technologies qui révolutionnent la consommation africaine.

Section 1. Consommation et distribution en Afrique

1.1. Les caractéristiques des marchés de consommation en Afrique

Contrairement aux pays développés où les marchés de consommation sont relativement homogènes, l'Afrique se singularise par la multiplicité de ses marchés de consommation. De manière générale, on distingue trois formes de marchés de consommation : les marchés informels, les marchés traditionnels et les marchés « modernes ». Nous utiliserons le terme « grande distribution » pour qualifier ces derniers marchés.

Les marchés informels

Difficile à quantifier par nature, l'économie informelle occupe une place centrale dans toutes les sociétés africaines. Peu de gouvernements s'y attaquent, parce qu'elle fonctionne comme un amortisseur social et correspond à une vision particulière des rapports humains en Afrique (Cassou 2015[24]). Les marchés informels font référence au commerce dont les résultats échappent aux statistiques officielles. Selon le FMI, l'informel « englobe les entreprises familiales qui produisent une certaine valeur marchande sans être enregistrées et plus largement, la production souterraine résultant d'activités productives qui sont le fait d'entreprises enregistrées, mais peuvent ne pas être déclarées aux autorités en vue d'échapper à la réglementation ou à l'impôt, ou parce qu'elles sont simplement illégales » (IMF 2016)[25].

Il s'agit donc de formes de commerce non structurée (souvent absence de structure juridique) où les possibilités d'imposition directe sont limitées. De manière plus détaillée, l'Agence française de développement a relevé en 2006, après enquête sur le terrain, que 90 % des personnes actives exercent dans l'informel au Cameroun et au Sénégal, contre 80 % en Afrique du Sud, 50 % en Éthiopie et moins de 40 % au Maroc (Cassou 2015). Selon Gning (2013), les activités commerciales regroupent un emploi informel sur deux à Bamako, un tiers des emplois pour Dakar et Niamey,

[24] Cassou S. (2015), Afrique : enfer et eldorado, *Manière de voir,* no 143, Éditions Monde Diplomatique.
https://www.monde-diplomatique.fr/mav/143/CESSOU/53893

[25] Source : https://www.imf.org/en/Publications/WP/Issues/2017/07/10/The-Informal-Economy-in-Sub-Saharan-Africa-Size-and-Determinants-45017

et plus de la moitié à Kinshasa. La part des activités industrielles dans ce secteur est de 21 %. Elle se situe entre 25 % et 32 % à Ouagadougou, Dakar et Niamey. Le Fonds monétaire a récemment publié un classement qui calcule pays par pays l'importance du secteur informel dans les économies africaines, où sa contribution au PIB s'échelonne entre 25 % et 65 % et où il représente entre 30 % et 90 % de l'emploi non agricole (IMF 2016). C'est ainsi que, selon le FMI, dans des pays comme l'Île Maurice, l'Afrique du Sud ou la Namibie, l'informel varie entre 20 et 25 % du PIB ; tandis que dans d'autres comme le Bénin, la Tanzanie ou le Nigeria, elle varie entre 50 et 65 % du PIB. L'étude indique que le secteur informel recule en fonction de la hausse du niveau de revenu, ce qui semble traduire une capacité plus accrue d'une gouvernance efficace et des incitations avantageuses à réduire le phénomène.

En général, le commerce informel est occupé par les marchands ambulants que l'on retrouve un peu partout en Afrique. L'observatoire économique de la Chambre de Commerce, d'Industrie et d'Agriculture de Dakar – Sénégal (CCIAD) définit les marchands ambulants comme « des commerçants enregistrés ou non au registre de commerce qui vendent à la sauvette ou exercent leur activité dans des lieux installés sur l'espace public »[26]. Issus souvent de l'exode rural (ex. cas des « *Baol-Baol* »[27] au Sénégal), ces marchands viennent pour la plupart de l'intérieur du pays et de milieu pauvre. Ils vendent au détail différents types de produits allant de l'alimentaire (fruits, biscuits,

[26] Source : Observatoire Economique de la Chambre de Commerce, d'Industrie et de d'Agriculture de Dakar, 2009, « État des lieux, enjeux et perspectives », dossier n° 2, Mai, Dakar.

[27] Commerçants sénégalais issus (majoritairement des régions du centre). Sous un angle historique, les trajectoires migratoires des Baol-Baol peuvent se situer depuis la naissance du mouridisme (une des confréries religieuses du Sénégal), en passant par le développement de la culture de l'arachide, jusqu'à l'exode vers Dakar puis vers l'étranger.

sandwich, etc.) au non alimentaire (habillement, chaussures, accessoires de mode, etc.). Ces marchands sont confrontés au problème de sources de financement de leurs activités. N'ayant pas pour la plupart de garantie pour recourir au système bancaire ou aux systèmes financiers décentralisés, ils financent leurs activités par le biais de la famille, des amis et surtout de la diaspora. Le faible taux de bancarisation en Afrique subsaharienne (pas plus de 20 % selon la Banque mondiale) fait partie des facteurs explicatifs de l'importance de l'informel (Cassou 2015). En effet, ceux qui n'ont pas de compte gèrent autrement leurs flux financiers, par le biais d'une épargne informelle. Il s'agit des fameuses « tontines », ces pots communs dont l'intégralité bénéficie successivement à chacun des participants, sous des formes parfois non financières – avec des biens immobiliers et du bétail (Cassou 2015).

On peut distinguer dans leur mode opératoire deux catégories de marchands : les marchands ambulants « fixes » et les marchands ambulants « nomades ». Les premiers occupent généralement de manière temporaire ou fixe un espace public ou privé. Les seconds, quant à eux, parcourent les grandes artères des capitales africaines avec leurs marchandises à la recherche de clients potentiels. Dans les deux cas, ces activités sont pratiquées en dehors de tout cadre réglementaire, sans autorisation préalable et échappent souvent à tout type d'imposition ou de contrôle. Ils ne sont donc pas reconnus juridiquement par les pouvoirs publics. Ainsi, en plus des difficultés à trouver des sources de financement, ces marchands exercent leur activité sans couverture sociale.

Dans tous les cas, plusieurs motivations poussent les entrepreneurs vers l'informel en Afrique. D'après Medina *et al.* (2017) :

En l'absence d'opportunités suffisantes dans le secteur formel, les activités informelles constituent une sécurité essentielle en fournissant du travail et un revenu à un grand nombre de personnes qui vivraient sinon dans la pauvreté.

Les charges fiscales et sociales élevées et la différence entre le coût total du travail dans une économie officielle et celui de l'économie informelle sont également des causes.

Une bureaucratie excessive, le manque de transparence et les difficultés d'accès au crédit constituent également des stimulants pour les entreprises africaines à rester dans l'informel.

Dans de nombreux pays africains, ce secteur reste un refuge. Peu de gouvernements cherchent à l'organiser réellement. L'une des initiatives de formalisation les plus notables est sans doute celle en cours au Rwanda où depuis 2006, les petites et moyennes entreprises de ce secteur sont tenues de disposer de registres comptables et de payer leurs taxes. Au Ghana où le secteur informel représente 85 % de l'emploi contre seulement 45 % de la création de richesses nationales, le gouvernement a créé en 2010 le « National Secretariat of The Informal Sector » afin de reconnaître l'importance de ce secteur notamment à travers l'activité productive des femmes. Aussi, différentes mesures incitatives ont été prises pour le renforcement des capacités des acteurs, le développement du microcrédit et la sensibilisation des travailleurs quant à leurs droits (Jacquemot 2013).

Au niveau des solutions, plusieurs pistes peuvent être envisagées. Elles ne sont pas simples à mettre en œuvre, mais une politique intelligente (inclusive et collaborative) peut aider à réduire le poids des marchés informels en Afrique.

D'abord, il convient de noter que la réduction de l'informalité ne peut pas être le point de départ de la politique fiscale, car les raisons du non-paiement de l'impôt diffèrent d'une entreprise informelle à l'autre. Les concepteurs de la politique fiscale doivent s'intéresser autant, voire davantage, aux raisons pour lesquelles les entreprises ne paient pas d'impôts qu'au fait qu'elles n'en paient pas.

Ensuite, il faudrait mettre l'accent sur la formation et le financement des acteurs de l'informel. Les pouvoirs publics africains pourraient mettre en place un fonds spécial destiné à l'alphabétisation de ces acteurs avec une possibilité d'avoir accès à un financement pour ceux qui acceptent de suivre un programme d'alphabétisation. De même, ils pourraient créer des organismes assurant l'accompagnement, l'encadrement, le suivi de ces commerçants ainsi que la formation éventuelle de ceux qui souhaitent migrer dans d'autres secteurs d'activité. Il convient de saluer les initiatives privées comme celles de Jean-Luc Konan en Côte d'Ivoire avec sa banque spécialisée en mésofinance Cofina ou Paul Fokam patron d'Afriland First Bank qui ont créé des produits (banquiers ou microfinance) pour répondre aux besoins des entreprises du secteur informel.

De plus, il convient de donner un statut juridique à ces commerçants leur permettant d'exercer dans les règles leurs activités. De façon concomitante, un système de protection sociale au bénéfice de ces acteurs pourrait être mis en place pour assurer leur prise en charge en cas de maladie ou d'accident. Autrement, rien n'incitera ces acteurs à quitter le secteur traditionnel où ils ne paient quasiment pas de taxes.

Enfin, il est urgent d'aménager des espaces appropriés où les marchands ambulants peuvent exercer leur activité en toute quiétude et en toute sécurité. Il convient de souligner l'existence de projets d'aménagement d'espaces de vente pour les marchands ambulants (ex. plan « Dakar 2025 » au Sénégal) afin d'éviter l'occupation anarchique des rues de Dakar. Pour limiter les effets de résistance corporatiste, il faudrait davantage miser sur la concertation en amont et sur les mesures d'accompagnement car les sites de recasement se trouvent parfois dans des endroits moins fréquentés. Cela fait que les acteurs craignent de perdre des parts de marché par rapport à leur implantation initiale.

Un pays peut être cité à titre d'exemple : le Rwanda. Ce pays a joué la carte de l'anticipation (voir Encadré 7).

Encadré 7 : Gestion des marchés informels : l'exemple du Rwanda

Contexte

Après une guerre civile de 1990 à 1993 et le génocide en 1994, la phase de reconstruction au Rwanda apparaît complexe (Lemaître *et al.* 2016). D'une part, la société est gouvernée de manière autoritaire sur la base d'un modèle de modernisation forcée. La reconstruction sur le plan socioéconomique semble spectaculaire. Tout d'abord, l'économie rwandaise se laisse remarquer par des taux de croissance considérables et relativement stables[28]. De plus, les données statistiques indiquent que la pauvreté a diminué de 56,7 % en 2005-2006 à 44,9 % en 2010-2011 et 39,1 en 2013-2014 (Lemaître *et al.* 2016). Au cours de la même période, le coefficient de Gini a baissé de 0,52 en 2005-2006 à 0,49 en 2010-2011 et 0,45 en 2013-2014 (Lemaître *et al.* 2016). Le gouvernement rwandais met en avant trois facteurs principaux qui expliquent ce progrès remarquable : la création d'emplois dans le secteur non agricole, la croissance de la production agricole et un degré accru de commercialisation de l'agriculture.

Formalisation de l'informel

D'après Lemaître *et al.* (2016), des mesures politiques ont visé à graduellement professionnaliser et formaliser le

[28] Banque mondiale (2015). World Bank Doing Business: Measuring Business Regulations – Rwanda, en ligne : http://www.doingbusiness.org/data/exploreeconomies/rwanda

mouvement associatif. Ainsi, les associations et coopératives doivent s'enregistrer formellement et s'insérer dans un format uniforme qui prévoit l'obtention d'une personnalité juridique, l'élaboration formelle des modalités de fonctionnement organisationnel, une organisation financière sur base de transactions bancaires formelles… De plus, les pouvoirs publics rwandais incitent les petites et moyennes entreprises à tenir des registres comptables officiels et à payer des taxes. En résultat, le Rwanda a considérablement réduit la taille de son secteur informel. Ces évolutions reflètent la transformation d'entreprises familiales en petites et moyennes entreprises (PME) formelles, résultat d'une politique active visant à créer un environnement économique propice à l'essor des PME, à supprimer les obstacles qui gênaient la formalisation et à renforcer les capacités de ces entreprises pour les rendre plus compétitives. Le Rwanda a réformé le droit du commerce, amélioré la réglementation pour faciliter l'accès au crédit et accélérer l'enregistrement des entreprises commerciales et des biens immobiliers. S'agissant des procédures de création d'une entreprise formelle, le Rwanda se classe devant les pays de l'OCDE, analyse le FMI.

Quelques solutions pour toute l'Afrique

Formaliser l'informel peut risquer de casser sa créativité, son essence, sa vitalité et sa dynamique. Il faut plutôt agir sur son environnement afin de l'améliorer. De manière pratique, nous proposons les actions suivantes :

– La mise en place de formations adaptées qui puissent permettre aux acteurs de tirer le meilleur avantage de leurs apprentissages et compétences du bas avec des connaissances techniques et spécialisées notamment dans les métiers de la gestion.

– Le développement de financement ou d'aides à l'accès au crédit sous différentes formes (mutuelles, fonds de garantie…) afin de favoriser l'équipement et l'augmentation de la productivité dans ce secteur. L'outil de travail traditionnel faiblement mécanisé et automatisé n'est pas compétitif dans une société du numérique et de l'innovation, où les robots font leur entrée dans la production comme aide à la précision. Le secteur informel africain a besoin d'investissements importants pour gagner en puissance. Les petits patrons doivent être soutenus dans la capitalisation de leurs affaires de manière à ce qu'ils accèdent à des meilleures conditions de travail. L'assistance et la simplification des dispositifs de financement doit être privilégié dans ce cas.

– L'accompagnement dans la professionnalisation de leurs métiers, la présentation, le soin, la précision et la qualité, permettraient de lever des freins à l'achat et serait en outre susceptible de leur ouvrir de nouveaux débouchés et marchés. Pour cela, ces centres de formation techniques, les services informatiques et technologiques doivent être créés à côté des zones de production et d'activité de l'informel pour susciter des expériences croisées et de co-création.

– L'organisation d'une politique de commerciale à travers la mise en place de coopératives, de GIE, de sociétés mixtes, au sein des territoires et la promotion d'espaces marchands dédiés à des productions spécifiques peut constituer un levier quant à la mise en valeur et la commercialisation de leurs produits[29].

[29] Source : compilation de documents divers (le Point Afrique, Lemaître *et al.* 2016).

Encadré 8 : Situation du secteur informel suite à la Covid-19

Bien que l'Afrique soit en général relativement épargnée par la pandémie Covid-19, la récente exacerbation de la propagation de l'épidémie fait craindre le pire pour le secteur informel. Plusieurs pays ont mis en place un durcissement des restrictions imposées aux déplacements des habitants, voire un confinement total des pays ou des couvre-feux. Ces mesures risquent d'affaiblir le secteur de deux principales manières.

D'une part, le confinement rend très lucratives certaines activités clandestines comme le transport frauduleux de personnes et des marchandises observé au Sénégal (Mbaye et Diagne, 2020). Des États-entrepôts comme le Bénin ou la Gambie pourraient ainsi voir le volume de leur commerce informel avec leurs voisins (Sénégal et Nigéria) augmenter significativement avec le durcissement des restrictions commerciales liées à la Covid-19.

D'autre part, comme la majorité des Africains vivent au jour le jour, un confinement restrictif les met dans une situation de grande vulnérabilité. La proportion moyenne des individus qui se trouve soit au chômage, soit dans des emplois vulnérables dépasse les 80 % dans la plupart des pays de la région (Mbaye et Diagne 2020). Fort de ce constat, le président béninois Patrice Talon a refusé un confinement général de sa population, contrairement à ses homologues qui optent pour des mesures plus ou moins drastiques pour lutter contre la pandémie de la Covid-19 (confinement, fermetures d'écoles, mesures d'hygiène, et même couvre-feu).

Les pays africains ont mis en place différentes mesures pour tenter d'accompagner les acteurs du secteur informel dans ce contexte particulièrement difficile de crise sanitaire avec restrictions des déplacements. Au niveau des marchés à ciel ouvert, les mesures mises en place dans beaucoup de pays ont consisté à fermer ces endroits plus tôt pour les désinfecter et les remettre à la disposition des commerçants et clients (Mbaye et Diagne 2020). Il conviendrait d'augmenter l'efficacité de ces mesures en renforçant le contrôle, les sanctions le cas échéant et l'accompagnement. Au Maroc, les ménages ont reçu une aide financière pendant trois mois avant l'été 2020. 5,4 millions de ménages s'étaient inscrits sur le registre pour pouvoir percevoir l'aide qui était certes temporaire, mais salutaire. En effet, le pourcentage des personnes en situation de vulnérabilité a plus que doublé, passant de 7,3 % avant le confinement à 16,7 % pendant le confinement. La crise sanitaire a également frappé de plein fouet les ménages et surtout des très petites et moyennes entreprises, véritables piliers de la vie économique africaine (33 % dans le PIB africain et 85 % des emplois du secteur privé). Plusieurs États ont mis en place des dispositifs d'aide aux entreprises (formelles ou informelles)[30] : la Côte d'Ivoire a créé un fonds de garantie aux PME et aux entreprises du secteur informel d'un montant de 100 milliards de FCFA ; le Sénégal a déployé un mécanisme de financement des entreprises d'un montant de 200 milliards de FCFA sous forme de crédits de trésorerie ou d'investissement en partenariat avec le secteur bancaire ; enfin, l'Afrique du Sud a frappé fort avec 10 milliards d'euros de garanties de prêts pour les entreprises.

Les marchés traditionnels

Nous désignons par le terme « marché traditionnel » tout marché formel (enregistré dans les statistiques officielles) mais qui fonctionne selon les codes de l'informel (recours inexistant ou limité aux techniques modernes de communication ou de commercialisation) sans atteindre les tailles critiques de la grande distribution (économies d'échelle). Les marchés traditionnels se situent donc entre les marchés informels et les marchés « modernes » (présentés plus

[30] Source : https://www.lepoint.fr/afrique/covid-19-l-afrique-au-chevet-de-ses-entreprises-29-05-2020-2377477_3826.php

bas). De manière globale, ces marchés ont fait l'objet de peu d'études dans le contexte des pays d'Afrique. De par leur taille, ces marchés peuvent être plus ou moins assimilés au commerce de proximité en Europe ou dans certains pays d'Asie. Nous pouvons distinguer deux différentes formes de marchés traditionnels sur une base géographique : les marchés traditionnels d'Afrique sub-saharienne et ceux du Maghreb.

En Afrique Sub-saharienne, nous pouvons relever le cas des commerçants libano-syriens et des commerçants chinois, en plus de la dynamique de développement des centres commerciaux locaux (voir *infra*, section 2).

La présence des commerçants libano-syriens date de l'époque coloniale. D'après Charnay (2017), l'émigration libano-syrienne en Afrique Occidentale française (AOF) apparaît dès l'origine comme une migration essentiellement économique. Les premiers migrants présentent alors un profil socio-professionnel particulier marqué par la jeunesse des individus, un fort taux de masculinisation et une prédilection pour le commerce ambulant dans le cadre d'une économie de traite se développant alors autour du caoutchouc en Guinée et de l'arachide au Sénégal. Selon un article de *Jeune Afrique* (2009)[31], elle se structure en trois vagues. La première vague d'émigration en Afrique s'étale de la fin du XIXe siècle au début des années 1920 dans une logique de fuite du joug ottoman. Ensuite, arrive la vague du mandat français (1920-1943) et du mythe de l'eldorado. Certains embarquent pour Dakar, Abidjan et, dans une moindre mesure, l'Afrique centrale. D'autres prennent le chemin des colonies britanniques : le Nigeria, la Gambie, la Sierra Leone. La troisième vague est provoquée par la guerre du Liban dans les années 1930 dans une logique de la conscription et de l'occupation israélienne. Aujourd'hui, les estimations sont de 200 000 à

---

[31] *Jeune Afrique* : https://www.jeuneafrique.com/200539/societe/afrique-la-longue-marche-des-libanais/

300 000 Libanais aujourd'hui sur le continent. Le plus gros contingent serait en Côte d'Ivoire, avec 60 000 personnes. Puis 25 000 au Sénégal, 6 000 en RD Congo, 5 000 au Gabon. Il convient d'être prudent sur ces chiffres qui ne tiennent pas forcément compte des binationaux ou encore des Libanais non enregistrés.

Les Libano-Syriens sont présents dans un spectre très large de secteurs d'activité en Afrique : médecine, commerce, ingénierie, immobilier, informatique, industrie agroalimentaire, restauration, banque. Il convient donc de relativiser l'image d'Épinal du Libanais-petit-commerçant debout dans son échoppe, entre un comptoir et un mur tapissé de rouleaux d'étoffes ou de médicaments. Ainsi, les Libano-Syriens en Angola sont en grande partie des ingénieurs ; en Côte d'Ivoire ils sont crédités de 60 % du parc immobilier, 80 % des activités de distribution, 50 % de l'industrie, 70 % du conditionnement et de l'imprimerie ; en Guinée ils ont créé la plupart des entreprises informatiques (*Jeune Afrique* 2009)[32].

Encadré 9 : Enquête sur une communauté secrète : Les Libanais du Sénégal

Ils détiennent ou détenaient une place enviable, pour ne pas dire le monopole du commerce au Sénégal, mais veillent, comme à la prunelle de leurs yeux à passer inaperçus. Ils, ce sont les ressortissants Libanais, dont la plupart est naturalisée Sénégalaise parce qu'ayant vu les limbes au Sénégal. Le Pays a infiltré cette secrète communauté, qui ne vit pas que de négoce. [...]. Avec l'arrivée des multinationales occidentales, les choses deviennent bien plus compliquées comme l'illustre la fulgurante ascension d'Auchan Retail Sénégal.

[32] Source : https://www.jeuneafrique.com/200539/societe/afrique-la-longue-marche-des-libanais/

Spécialisés dans l'alimentation, entre autres, ils peuvent servir, à bien des égards, d'archétype de la « parfaite intégration ». Ils ont pratiquement fait leur cycle scolaire ici, mangent quelquefois Sénégalais et ont des fréquentations Sénégalaises, mais limitées. « Ce, en dépit du fait qu'ils restent distants, de temps à autre, au regard des préjugés qu'on attribue, à tort ou à raison à la communauté Libanaise » précise l'un de leurs employés, lequel dira que certains Sénégalais de souche les isolent dans des clichés, qui les cataloguent « d'étrangers vivant au Sénégal ». Et notre interlocuteur de s'offusquer : « y'en a même qui les traitent de racistes, ce qui n'est pas normal. » S'inscrivant en faux, son collègue de soutenir que les « Libanais se disent Sénégalais alors qu'ils vivent éloignés des vrais Sénégalais ; on dirait qu'ils nous méprisent » lâche Tapha qui étaye son propos en pointant du doigt les maigres revenus de leurs ouvriers, non sans évoquer la rareté des mariages mixtes entre Sénégalais bon teint et Libanais. « Certes, on en trouve, mais cela se compte sur le bout des doigts. J'en connais, qui ont eu des enfants avec leurs bonnes, mais ils les rejettent comme des malpropres dès qu'ils les engrossent ». À défaut, on leur propose rubis sur ongle une manne assez considérable pour avorter « histoire d'éviter d'être la risée auprès de la communauté Libanaise prompte, comme nous autres Sénégalais, à des spéculations et autres conjectures ».

L'arrivée massive des Baol-Baol et autres Saloum-Saloum à Dakar pour investir le commerce – dont les Libanais détenaient jalousement le monopole – a créé, ipso facto, cette paupérisation galopante auprès d'une frange de la communauté du « Pays des Cèdres ». En outre, aussi saugrenue que cela puisse paraître, à une exception près, il n'y a jamais eu de ministres Libanais au Sénégal et/ou de Libanais détenant de hautes fonctions dans l'appareil d'État, nonobstant le fait que des Sénégalais d'origine Libanaises ont investi le landerneau glissant de « l'art de diriger la cité ». Parmi eux, on peut citer pêle-mêle : Rajab, Aly Haidar (respectivement responsables au PDS et des écologistes/ancien ministre de l'Environnement du Sénégal), Samir Abourizk, pour ne citer qu'eux d'autant que la liste des politiciens sénégalais d'origine libanais est loin d'être exhaustive. Pour toute explication à ce cas de figure des plus paradoxales, l'on s'accorde à évoquer la peur de s'engager des Libanais eu égard aux clichés qu'on leur attribue. Aussi, évoque-t-on, le fait que les Libanais restent, encore sceptiques craignant un éventuel retour de bâton ; comme cela est monnaie courante dans la jungle politique. N'empêche, on note des exceptions à la règle, tels le cas Fayçal Charara, promue au pinacle de la vice-présidence d'une grande institution sénégalaise. C'est dire que dans toute chose, il y'a forcément exception[33].

La présence des commerçants chinois est beaucoup plus récente (années 1990-2000), suite à la chute du mur de Berlin. Nous reprenons ici les travaux de Rajaoson (2013) qui apportent un éclairage édifiant sur le sujet. Nous pouvons ainsi distinguer quatre types d'acteurs chinois en Afrique[34] :

– Les *Huaquio* : acteurs étatiques, en général cadres dans les grandes entreprises chinoises installées en Afrique ou dans les services de coopération chinoise. Ils investissent aussi, souvent, pour leur propre compte ;

– Les commerçants chinois : catégorie singulière qui renvoie aux regroupements d'expatriés à partir desquels s'opère l'implantation des chinatown en Afrique ;

[33] Source : Leral.net
Accès en ligne: https://www.leral.net/Enquete-sur-une-communaute-secrete-Les-Libanais-du-Senegal_a153831.html

[34] L'étude de Rajaoson (2013) porte sur le Sénégal (Dakar) mais peut faire l'objet d'extension aux autres pays d'Afrique puisque la stratégie de la Chine concernant le continent est assez homogène.

– Les *coolies* : paysans sans terre, salariés non qualifiés des entreprises chinoises ou des commerçants qui espèrent devenir auto-entrepreneurs ;

– Les *Huayi*, catégorie d'anciens migrants chinois installés en Afrique depuis plusieurs générations. Seuls certains pays tels que Madagascar ou l'Afrique du Sud en ont fait l'expérience.

Selon Rajaoson (2013 : 2) :

> « L'expatriation des commerçants chinois, depuis les années 1990, répond à leur objectif de faire fortune. Ce sont eux qui – en tant qu'investisseurs et primo arrivants – parviennent à se frayer une voie d'accès au cœur de la société dans laquelle ils souhaitent s'installer, et ce, avec peu de moyens, tout en étant relativement efficaces. Une fois sur place, les commerçants et les entrepreneurs chinois ont besoin d'une ou de plusieurs personnes-ressources afin de les assister dans le développement de leurs activités commerciales. Au même titre que les *huaquio*, cette catégorie d'acteurs joue aussi le rôle d'investisseurs, bien que leur accès aux crédits reste difficile. Ils ne sont pas nécessairement diplômés. Mus par le désir de faire fortune, certains d'entre eux ont délibérément choisi de changer de profession au cours de leur carrière, alors que les autres, notamment ceux qui sont issus de milieux plus modestes, aspirent seulement à améliorer leurs conditions de vie par le commerce ».

Cette analyse montre la complexité de la présence chinoise en Afrique. Ainsi, si la plupart de ces commerçants sont de nationalité chinoise, il est possible de rencontrer des entrepreneurs d'origine chinoise et de nationalité française. Il devient alors difficile de qualifier le commerçant en question uniquement sur la base de la nationalité. De plus, les *coolies* peuvent changer de catégorie sociale durant leur expatriation grâce aux commerçants qui vivent déjà sur place ; cela peut se produire lorsqu'ils sont employés par les commerçants en tant que vendeurs, et que l'opportunité de devenir eux-mêmes auto-entrepreneurs leur est offerte. Les acteurs chinois que l'on retrouve au sein des nombreux *Chinatown* disséminés dans les villes d'Afrique sont principalement des *coolies* et des commerçants.

Concernant les conséquences de la présence chinoise en Afrique, on peut les aborder à différents niveaux. Selon Marfaing (2015), la première conséquence positive est relative aux opportunités d'emplois. L'arrivée des Chinois et de leurs marchandises bon marché importées a permis à de nombreux jeunes de se lancer dans les activités du commerce. Ils ont donné naissance à un nouveau type d'ambulants, des « ambulants de métier ». Ces ambulants ne payent, pour l'occupation du trottoir, que la taxe journalière de 100 à 200 francs CFA au préposé de la mairie. En parallèle, les commerçants chinois, peu intégrés au contexte local y trouvent aussi leur compte en s'octroyant des manutentionnaires à bas coût, servant de traducteurs auprès des administrations et de la clientèle.

En revanche, Bredeloup et Bertoncello (2006) mettent en évidence la polémique liée à la présence chinoise dans les capitales africaines. Selon eux, les commerçants déjà installés dénoncent les pratiques anti-concurrentielles des Chinois. Par exemple, à Dakar, la puissante Union Nationale des Commerçants et Industriels du Sénégal (UNACOIS) accusent les vendeurs asiatiques d'écouler des produits toxiques et de mauvaise qualité et de ne pas respecter la législation douanière et fiscale en vigueur. Les commerçants chinois sont en effet accusés de payer des taxes réduites en déclarant des importations de containers, non pas de produits finis, mais de pièces détachées très rapidement remontées.

Au Maghreb, la forme la plus emblématique des marchés traditionnels est représentée par les souks qu'on retrouve dans différents pays sous des formes similaires (ex. Maroc et Tunisie) bien que l'appellation « souk » ne soit pas toujours retenue. Les souks représentent l'un des principaux symboles de Marrakech et du Maroc. Pour profiter pleinement de l'expérience, il est possible de bénéficier d'une visite guidée des souks et des ruelles commerçantes près de la place Djema El Fna. Selon Kapchan (1998), le souk maghrébin est un marché-médiation, une institution spécialement réservée pour le spectacle. Ainsi, l'esprit de spectacle qui y règne en fait un endroit spécial de socialisation, de symboles et de divertissement. Les qualités d'ouverture et de liberté qu'on trouve dans le souk traduisent un renouvellement social et donnent une place particulière à la femme. En effet, sa présence dans ce lieu en tant qu'oratrice change la relation habituelle que les gens ont avec le temps et l'espace. Elle modifie au sens de Bourdieu, l'*habitus*, c'est-à-dire, l'ensemble des habitudes, attitudes, comportements et goûts qui correspondent à la classe, à la position et au pouvoir social de l'individu et du groupe.

La grande distribution (marchés « modernes »)

Le boom de la grande distribution

Le secteur de la grande distribution est en grand boom, avec l'arrivée de plusieurs enseignes internationales en mal de croissance dans les pays d'origine. Les grands groupes internationaux (Wall-Mart, Carrefour), échaudés par des différences culturelles et surtout, les difficultés logistiques et bureaucratiques, ont sauté le pas. De ce fait, le processus d'achat, fondé auparavant sur la négociation sur le prix, laisse place à une technique de vente conseillée, guidée. C'est le travail d'hôtesses d'accueil et de conseillers de vente chargés de conseiller les clients sur les produits et les promotions. Nous constatons également le développement plutôt embryonnaire des programmes de fidélité. Jusqu'ici la principale faiblesse de l'Afrique était liée à l'absence de programmes de fidélité qui entraîne une connaissance limitée du client dans le marché de masse.

Des formats de e-commerce se développent et répondent à l'aspiration de nouveaux consommateurs connectés.

Différents acteurs de la distribution ont ouvert un site de vente en ligne dont *Jumia, Cdiscount, Afrimarket*, etc. Tout récemment, le géant de la distribution CFAO a lancé *Africashop* en Côte d'Ivoire et au Sénégal et dans une dizaine d'autres pays francophones et anglophones à court terme. Plusieurs grandes marques figurent dans le e-catalogue dont la *Redoute* dans la vente à distance, le bijoutier *Maty*, la boutique de lingerie *Etam*.

Nous constatons également une offensive des produits chinois en Afrique. L'entrée de ces produits dans des marchés et zones parfois les plus reculés ont favorisé l'émergence d'une consommation de masse et d'une nouvelle culture matérielle (Kernen et Mohammad 2014). Le *made in China* doit son succès en Afrique par ses prix bas. Il est aussi nourri par le travail de petits détaillants mais aussi des commerçants et grossistes africains dont leurs activités participent à « une reconfiguration partielle des rapports de pouvoir liés à l'extraversion ». Dans une forme d'hybridité culturelle, la consommation dans les rues qui est le fait de vendeurs ambulants déambulant avec les pousse-pousse ou des femmes qui dès le petit matin viennent nourrir en ville les employés, ouvriers, les débrouillards du secteur informel, est concurrencée par les réseaux des stations-services qui proposent des produits prêts à la consommation à leurs clients.

Déploiement des réseaux français en Afrique subsaharienne [35]

Pour trouver de nouveaux débouchés et profiter ainsi de l'émergence de la classe moyenne africaine, les acteurs français de la distribution ont ouvert plusieurs magasins au sud du Sahara francophone. Carrefour a ouvert à Abidjan en décembre 2015 son premier centre commercial au sud

[35] *Source* : cette section est adaptée de *Jeune Afrique*, 17 décembre 2015/12 mars 2019.

du Sahara. En septembre 2016, a débuté l'activité de celui du Kenya dont la gestion sera confiée à l'émirati Maijid Al Futtaim présent aussi en Afrique du Nord et au Moyen-Orient. Pour sa part, Auchan est présent à Dakar et en Mauritanie et ambitionne de se déployer dans d'autres pays comme le Nigeria, la Côte d'Ivoire ou encore le Gabon. Casino est quant à lui présent de longue date dans 5 pays d'Afrique de l'Ouest, via la franchise accordée au groupe Mercure International, mais aussi dans l'océan Indien avec ses filiale Vindémia. Système U, présent depuis plusieurs années au Bénin, s'est quant à lui, implanté (avec Mercure International également) au premier semestre 2015 au Cameroun (avec son enseigne Super U).

Hors du secteur de la distribution alimentaire, la Fnac, le groupe français de distribution de biens culturels, de loisirs et de produits techniques, a ouvert une franchise en Côte d'Ivoire et envisage des implantations au Sénégal et au Cameroun. Ces quelques exemples témoignent de l'accélération des groupes français de distribution au sud du Sahara. C'est dire que la distribution moderne s'accélère en Afrique subsaharienne, notamment avec la tendance de fond liée au développement d'une classe moyenne et l'ouverture de nouveaux espaces commerciaux.

Pour leur implantation dans la région, les groupes de distribution tissent généralement des partenariats avec des acteurs locaux. Ces derniers ont en effet une meilleure connaissance des habitudes de consommation domestique, tout en maîtrisant davantage les chaînes d'approvisionnement et les démarches administratives. Ainsi, Carrefour arrive en Côte d'Ivoire dans le cadre d'un partenariat avec le groupe CFAO, fin connaisseur du pays et du continent sur lequel il opère depuis plus d'un siècle. Ensemble, ils ont développé et inauguré PlaYce un centre commercial de 20 000 m^2. Si Auchan a décidé finalement de se lancer seul au Sénégal, c'est après avoir tenté à deux reprises de le faire, sans succès. En matière de fournisseurs, le groupe français, contrôlé par la famille Mulliez, reste déterminé à tisser de solides partenariats avec des entreprises de production locales (riz, légumes, lait, volaille…), comme l'a fait Carrefour en Côte d'Ivoire et Casino dans ses pays d'implantations. Avec 30 magasins répartis entre le Sénégal et la Mauritanie, l'activité africaine d'Auchan reste très minoritaire au sein du groupe mais s'avère particulièrement rentable, alors que le groupe affiche des chiffres en baisse partout ailleurs. Auchan voit en effet ses revenus africains plus que doubler, passant de 40 millions d'euros en 2017 à 101 millions d'euros en 2018 (+ 152,5 %).

L'offensive française n'en est encore qu'à ses prémices dans la distribution en Afrique subsaharienne et la bataille ne fait que commencer. D'autant plus que les investisseurs étrangers montrent beaucoup d'appétit pour racheter des groupes locaux. Cependant, les récents développements (manifestations contre l'implantation d'Auchan au Sénégal) révèlent la complexité des marchés africains (voir Cas pratique).

Étude de cas 7 : Auchan au Sénégal, un vrai feuilleton

Contexte

Auchan est une entreprise familiale française créé en 1961. Le principal actionnaire d'Auchan est l'association Mulliez, à l'origine de la création du distributeur. Le groupe est présent dans dix-sept pays (11e distributeur mondial, 50 milliards d'euros de chiffre d'affaires consolidé) et emploie plus de 354 851 salariés en 2019. Il compte actuellement près de 962 hypermarchés dont 144 en France. En 2015, le groupe Auchan se réorganise et devient Auchan Holding, composé d'Auchan Retail, d'Immochan et d'Oney. Il se définit comme un commerçant qui change dans un monde qui change, et qui se lance aujourd'hui à la rencontre des consommateurs devenus omnicanaux, attentifs à leurs achats et à leur santé, avec l'ambition et l'envie de leur changer la vie. C'est dans cette lancée qu'un grand projet intitulé « Vision 2025 » en 2016. Dans ce projet stratégique et prospectif, le groupe décide ainsi de bâtir de grandes ambitions qualitatives déclinées en différents axes (une vision du bon, du sain et du local en termes d'offre de produits et de services, intensification et une valorisation de l'activité du frais, généralisation du multi-format, internationalisation dans les pays émergents ou en développement,…).

Stratégie d'implantation au Sénégal

Auchan Retail a déployé son activité en synergie avec l'écosystème local pour répondre aux attentes des consommateurs tout en favorisant le développement des collaborateurs. Il vise contribuer, avec ses partenaires et les autorités locales, à la démocratisation d'un commerce moderne, accessible et en phase avec les usages de consommation du Sénégal selon le plan marketing du groupe. Comme le précise Laurent Leclerc (DG Auchan Retail Sénégal) : « Nous voulons contribuer à la démocratisation d'un commerce moderne, accessible à tous et répondant aux attentes de la grande majorité de la population sénégalaise. C'est un investissement de 65 milliards de FCFA en 4 ans ». Arrivé dans le pays en 2014 avec un premier magasin et 48 collaborateurs, Auchan Sénégal compte aujourd'hui 29 points de vente et près de 1 500 collaborateurs au Sénégal. À l'horizon 2020, il vise 50 magasins à Dakar et au niveau des régions et 3 000 postes qu'il entend pourvoir localement. En favorisant les produits sénégalais, Auchan participe au développement des producteurs locaux : 100 % de la viande, du poisson, 90 % des fruits et légumes sont d'origine sénégalaise. Sur les autres catégories de produits, Auchan ambitionne d'atteindre un maximum de produits sénégalais dans ses rayons. Pour les managers de rayon, les responsables de logistique et les responsables d'approvisionnement de demain, Auchan Retail Sénégal a lancé le « Bachelor en commerce et distribution » en partenariat avec le Groupe Supdeco Dakar (école de commerce). Cette solide formation aux métiers de la grande distribution est dispensée en alternance, une première dans le pays. Sa prise en charge à 100 % par Auchan Retail Sénégal la rend accessible à tous les jeunes sénégalais et son mix théorie-pratique permet aux collaborateurs actuels de la suivre et de travailler dans des conditions de réussite, de bien-être et de solidarité prônée par la marque.

Contestation locale

Auchan Retail Sénégal a été la cible d'une contestation au Sénégal pendant plusieurs mois. La grogne s'est amplifiée fin juin 2018 avec la création d'un collectif intitulé "Auchan dégage", puis un appel au boycott. Les raisons de la contestation sont nombreuses.

D'après l'Agence nationale de la statistique et de la démographie du Sénégal, le tissu économique sénégalais est composé presque exclusivement d'entreprises informelles (97 %), avec une surreprésentation des activités de commerce (52 %), et celles-ci ont du mal à rivaliser avec les prix compétitifs de la grande distribution. Ainsi, selon l'Union nationale des commerçants et industriels, 15 000 emplois de petits commerçants pourraient disparaître à cause d'Auchan. Face à cette situation, le gouvernement sénégalais a choisi de faire un geste envers les petits commerçants. Le ministre du Commerce a annoncé un futur décret pour réglementer l'implantation des surfaces de vente et combler le vide juridique. En effet, jusque-là, un simple registre de commerce et des formalités d'ordre fiscal suffisaient pour ouvrir un centre commercial.

Pistes de solutions

Vu les tensions liées à l'implantation d'Auchan au Sénégal, on peut proposer plusieurs pistes de recommandation :

Développer des partenariats gagnant-gagnant avec le commerce local : Auchan Retail s'est implanté au Sénégal en intégré. Il nous semble cependant important de mettre en place des partenariats type master franchise avec des commerçants locaux pour leur permettre de vendre certains produits Auchan (à l'exception du frais qui est plus difficile à gérer). Une telle collaboration permettrait de rassurer les concurrents locaux, mais aussi d'atteindre une partie de la clientèle locale qui ne fréquente pas les supermarchés.

Clarifier les conditions de travailler avec les PME locales : Auchan Retail Sénégal affiche sur son site internet des chiffres, sans entrer dans les détails. Ainsi, on note qu'Auchan participe au développement des producteurs locaux : 100 % de la viande, du poisson, 90 % des fruits et légumes sont d'origine sénégalaise. Mais on ne connaît pas les conditions de travail avec les PME locales, ni la part de la production locale dans le total des produits proposés. La transparence est une condition nécessaire pour s'implanter durablement sur un marché. À l'heure du digital et des réseaux sociaux, il convient de changer les pratiques pour montrer en quoi on est réellement une entreprise responsable.

Communiquer mieux dans une logique de proximité : la communication d'Auchan Retail Sénégal est essentiellement basée sur l'affichage et sur les techniques promotionnelles classiques. L'adaptation au contexte n'est pas claire. Or, en Afrique, la prise en contexte des traditions locales est une condition sine qua none de succès à long terme. Ainsi, la communication africaine traditionnelle est essentiellement orale et privilégie le contact direct et le bouche à oreilles. La gestion de la relation client doit également prendre en compte les pratiques traditionnelles comme la longueur du temps de prise de contact et de prise de congés.

Accompagner les PME à développer leur capacité de production : la question de l'approvisionnement en produits frais reste une problématique pour les supermarchés et une opportunité pour les producteurs. Ainsi, dès son arrivée en Afrique, Carrefour/CFAO a annoncé l'objectif d'atteindre un approvisionnement 100 % local pour les produits frais. Auchan suit cette même optique au Sénégal, tout comme Prosuma en Côte d'Ivoire. Mais encore faut-il que les producteurs locaux puissent répondre à la demande en remplissant un cahier des charges lié généralement aux enjeux de quantité, de qualité visuelle et de régularité de l'approvisionnement. Dans le cas d'Auchan au Sénégal, 29 magasins doivent être livrés tous les jours ou tous les deux jours. Chaque commande est prise suite à un appel d'offres effectué par le distributeur auprès des producteurs déjà répertoriés, selon un cahier des charges de l'enseigne. Répondre à ces appels d'offres demande aux producteurs des capacités logistiques ou une volonté de regroupement pour limiter les frais de transport. Il appartient aux pouvoirs publics de mettre en place les mesures nécessaires (aides financières, construction de routes, organisation du secteur…) pour accompagner les producteurs locaux.

Réglementer le secteur : il y a urgence à prendre les mesures nécessaires pour réguler le secteur, sans bloquer le fonctionnement des grandes surfaces au Sénégal. Le droit de la distribution est à ses débuts, voire inexistant au Sénégal. Les tribunaux ne disposent pas de moyens nécessaires, ni de la compétence requise pour réguler le fonctionnement du secteur. Les pratiques déloyales (vente à perte, marges arrières, faux prix, détournement des promotions…) peuvent exister et demandent une expertise pointue pour les détecter, les contrôler et sanctionner les contrevenants. On peut également envisager d'obliger les distributeurs à travailler avec les PME locales selon un pourcentage. Ainsi, dans le cadre de l'approvisionnement dans la CEDEAO, les dossiers d'appels d'offres émis en 2016 stipulaient qu'une marge de préférence de 15 %

serait accordée aux fournisseurs régionaux. Il convient d'appliquer le même principe aux distributeurs internationaux pour s'assurer d'un impact positif sur le tissu économique local. Des objectifs clairs peuvent aussi être formulés en matière de création d'emplois directs et indirects. Enfin, à l'image de ce qui se fait en Chine, la promotion des partenariats de type joint-venture peut aider à favoriser les transferts de compétences et d'expérience.

En conclusion, le vrai enjeu est de permettre l'arrivée d'enseignes internationales comme Auchan Retail, tout en favorisant le développement d'un secteur privé local (indépendant ou intégré) puissant capable de faire face à la concurrence des grands groupes. C'est à cette condition que le Sénégal sera capable de tirer profit de l'investissement international[36].

Notons aussi la nouvelle dynamique des industries de la beauté en Afrique (*cf.* Encadré suivant sur L'Oréal). Au Cameroun, en Côte d'Ivoire, au Sénégal, le boom des magazines féminins et des émissions people et tendances dénotent d'un bouleversement du champ de la consommation et du commerce. Des créateurs s'affirment et rivalisent de créativité, des *top models* masculins comme féminins s'affichent dans le paysage audiovisuel. Ils sont devenus des égéries de ces nouvelles marques. À la fin du monopole d'État des médias, il s'est amorcé une démultiplication de l'offre médiatique dans presque tous les pays africains.

[36] Source : compilations de documents ou d'informations sur internet (Auchan.fr, Auchan.sn, businessinsider.fr, inter-reseaux.org, jeuneafrique.com, Coulibaly et Bahri-Ammari, 2019).

Étude de cas 8 : L'Oréal, un tournant africain

Contexte

Le leader mondial des cosmétiques est aimanté par l'Afrique, où il a connu sa plus forte croissance en 2015. Le Groupe a choisi de se renforcer sur le continent dès 2011 en créant une structure de zone spécifique pour l'Afrique Moyen-Orient. La zone est constituée de six hubs commerciaux dans la région qui alimentent les marchés locaux dont l'Afrique du Sud au sud, le Ghana et le Nigeria qui constituent le hub d'Afrique de l'Ouest et enfin à l'est le Kenya.

Signe de l'intérêt croissant de l'Oréal pour le continent africain, le groupe français a transféré à Johannesburg en Afrique du Sud son centre de recherche et de développement spécialisé dans les cheveux africains et les peaux noires, précédemment basé à Clark dans le New Jersey aux États-Unis. Installé aux côtés d'autres multinationales, toutes les données du laboratoire de Clark ont été transférées et certains ingénieurs américains sont venus prêter main-forte à la nouvelle équipe.

Dans le puzzle planétaire, le continent devient un marché prometteur. Si l'Afrique et le Moyen-Orient ne représentent aujourd'hui que 3 % des ventes du numéro 1 mondial des cosmétiques, c'est la partie du monde où sa croissance a été la plus forte en 2019 (+12 %). Et l'Oréal, qui y progresse deux fois et demie plus vite que le marché, cherche clairement à y rattraper Unilever et Procter & Gamble avec l'objectif d'avoir une écoute plus fine des consommateurs, de développer des produits spécifiques pour chaque classe et travailler sur les nouvelles tendances de beauté. Autant d'innovations qui permettent de conquérir ce marché. En effet, rien qu'en Afrique du Sud, où les ventes de cosmétiques sont les plus importantes du continent, la proportion de ménages les plus aisés- qui gagnent plus de 10 000 rands par mois (585 euros) – est passée entre 2006 et 2011, de 20.3 % à 24.2 % de la population, malgré des écarts de richesse criants.

La stratégie

Dans le labo flambant neuf, des instruments ultra-sophistiqués ne coupent pas les cheveux en quatre mais analysent leur résistance à la tension. D'autres machines servent à étudier, avec un microscope électronique au millième, à la fois leur densité et leur solidité. Un troisième prototype mesure la facilité avec laquelle une chevelure peut être peignée. Selon la classification utilisée par L'Oréal, les Afro-Américains sont dotés de cheveux très bouclés, à 5 sur une échelle de 10, comme les habitants du Ghana, mais ceux du Kenya atteignent 6 et ceux d'Afrique du Sud, 8 au minimum. Leur vulnérabilité provient de la faiblesse de la protection de leurs cuticules. Si les cheveux caucasiens ou asiatiques montrent une bien plus grande solidité, ils blanchissent davantage et plus vite que les chevelures africaines.

C'est avec le même objectif que L'Oréal investit également dans des marques locales. Au Kenya, par exemple, le groupe a acheté Interbeauty, le portefeuille de produits cosmétiques d'Interconsumer Products Ltd. Interbeauty est leader dans le soin du corps en Afrique de l'Est. Afin d'élargir l'offre de produits spécifiques pour le consommateur africain, ces gammes s'ajoutent à celles de la marque SoftSheen Carson : Dark and Lovely, Magic et Blue Ice qui en sont les principales marques. Un des leaders sur le marché des soins capillaires destinés aux cheveux africains, SoftSheen Carson est né en 2000 de la fusion des sociétés SoftSheen et Carson au sein du groupe L'Oréal. Fondées respectivement en 1901 et 1964, ces sociétés sont à l'origine de plusieurs innovations majeures sur ce marché. Ainsi, le kit « No-lye Relaxer » lancé par

Dark and Lovely est devenu le n°1 mondial des produits de défrisage. En offrant des produits de haute qualité, destinés au soin du cheveu et de la peau, la marque place l'innovation au cœur de sa stratégie.

Le futur

Le Groupe souhaite consolider ses positions sur deux marchés en Afrique : le marché des produits de grande consommation et celui du circuit professionnel. Sur ce dernier, le Groupe compte s'imposer grâce à la formation professionnelle. Ce secteur est stratégique car les consommateurs africains vont au salon de coiffure régulièrement et comptent beaucoup sur les conseils de leur coiffeur. Par ailleurs, L'Oréal a créé le premier institut de coiffure en Afrique du Sud « The L'Oréal Professional African Salon Institute » qui allie connaissances de pointe couplées aux dernières tendances mondiales. L'Institut propose des formations en stylisme et soins professionnels dédiés aux cheveux multi-ethniques, étendant ainsi son offre à une nouvelle clientèle.

Pour l'aider à connaître ce marché, dans un salon de coiffure attenant au laboratoire de Johannesburg, des « cobayes » testent de nouveaux produits capillaires: la moitié du crâne est recouverte d'un produit, l'autre moitié d'un autre. Des chercheurs scrutent et analysent leur teinte, leur brillance, la facilité de coiffage, mettent au point des parfums pour déodorants. À côté de ce travail en laboratoire, pour trouver de nouvelles formules destinées à chaque pays africain, le groupe français applique une stratégie rodée dans le monde entier : il étudie à la loupe les comportements des consommateurs. Ce qui passe donc par des études comportementales. Ce travail est effectué pour le compte de L'Oréal par des enquêteurs auprès de panélistes. Ils observent les particularités de consommation, les produits de substitution dans les épiceries et townships, fréquentent les boutiques d'extension pour cheveux, très prisées, fleurissent dans tous les centres commerciaux[37].

1.2. Réactions africaines et made in Africa

Face au développement des multinationales occidentales, à la faiblesse des formats traditionnels et à la désarticulation du commerce informel, les réactions (formelles) africaines ont été plus ou moins nombreuses mais avec des intentions claires.

Les « champions nationaux » se sont mis en ordre de bataille pour garder leur place face à l'offensive des multinationales pas toujours couronnées de succès. Ainsi, après avoir investi 1 milliard de dollars (plus de 900 millions d'euros) depuis 2010 pour conquérir les nouveaux consommateurs africains, le géant suisse de l'agroalimentaire Nestlé a annoncé en juin que les résultats obtenus n'étaient finalement pas à la hauteur des attentes et qu'il allait supprimer 15 % de ses effectifs en Afrique équatoriale. Au Cameroun et au Gabon, Unipal - le distributeur exclusif de Procter & Gamble, géant américain des produits de grande consommation, a dû plier bagage faute d'avoir su se faire une place sur ce marché. Cdiscount a dû également se retirer du marché africain après quelques mois d'implantation. Si de manière générale les multinationales ont vu leurs revenus augmenter sur le continent, elles perdent des parts de marché, d'après le cabinet Boston Consulting Group (BCG).

Parallèlement, on constate la montée en puissance des groupes africains. Le nombre d'entreprises qui réalisent plus de 1 milliard de dollars de chiffre d'affaires en Afrique est passé entre 200 et 250 à 400 en 5 ans dont une proportion grandissante de groupes issus du continent. Les secteurs dans lesquels excellent les champions africains

---

[37] Source : adapté du Monde, 9 avril 2016 et de L'Oréal.fr

sont les banques, le ciment, l'agroalimentaire ainsi que l'aérien. Ce sont d'abord les locomotives anglophones qui produisent de tels groupes. L'Afrique subsaharienne francophone n'a encore donné que peu de champions en dehors de rares groupes comme l'Ivoirien Sifca qui a commencé à conquérir la sous-région[38].

Au-delà de l'ancrage marketing pour puiser toutes les potentialités locales, les marques africaines, pour prospérer, ont aussi besoin de collaborations à l'international en termes de transferts de technologies, d'adoption des bonnes pratiques, de normes, de savoir-faire intelligents et modernes, de modèles transformatifs. Dangote, champion de l'industrie africaine du ciment, s'est inspiré dans la transformation de son groupe d'expériences brésiliennes. D'autres entreprises, dans la même dynamique ont su profiter de partenariats fonctionnels et financiers avec des multinationales. Il y a le groupe ivoirien Sifca, leader régional de l'oléagineux qui a ouvert en 2008 son capital à deux géants asiatiques Wilmar et Olam. C'est cette stratégie qui a permis à certaines marques africaines de devenir de véritables champions régionaux et continentaux. Au Sénégal, il y a la Laiterie du berger qui a consolidé sa position commerciale à travers son partenariat avec Danone. Dans un pays où 90 % de la consommation du lait est importée et que le lait en poudre est la base de la fabrication des produits laitiers. La Laiterie du Berger créée en 2005 s'est engagée dans une action de responsabilité sociétale ou de social business avec l'accompagnement de Danone afin de collecter le lait des éleveurs et ainsi améliorer leurs conditions de vie. En peu de temps, le succès de ce business local et ses différentes innovations lui a valu des récompenses en Afrique. Le succès de la Laiterie du berger est dû aussi à son marketing de l'adaptation. Celui-ci est défini comme

[38] Source : *Jeune Afrique*, janvier 2016.

un « effort constant et permanent qui doit faire l'objet de préoccupations quotidiennes de tous les professionnels africains [...] le contexte culturel particulier de l'Afrique est l'un des facteurs essentiels dont il faut tenir compte dans toute approche d'introduction des techniques occidentales » (Assigbley 1999 : 67).

Dans cette perspective, plutôt que de se focaliser sur les marchés exogènes, les ressources, attentes et besoins locaux doivent fonder les stratégies marketing, surtout l'innovation sociale et culturelle et se situer au cœur des démarches marketing. Ainsi, le marketing de l'adaptation imaginé par la Laiterie du Berger est décliné à partir de tous les leviers du mix-marketing :

1. *Adaptation en termes de communication de masse sur le produit plutôt que sur le processus de fabrication* : celle-ci est le fait d'une vedette locale autour d'un message simple **«** c'est tellement bon **».** Cette stratégie locale explique l'abandon de l'ancienne appellation « lait de ma grand-mère » et la promotion du lait de berger par une traduction vernaculaire « Dolima » qui signifie « encore » et qui a été lancé en 2009. Cette communication se nourrit aussi d'un marketing direct centré sur des animations de rue et le pouvoir de séduction d'hôtesses dans des lieux de vente pour fidéliser la clientèle et recruter de nouveaux clients. Enfin, elle a migré à l'ère des technologies dans le champ du marketing des médias sociaux notamment sur Facebook autour du concept de business social développé par l'entreprise pour cibler des consommateurs d'expatriés, des cadres internationaux plus sensibles à cette préoccupation durable et sanitaire.

2. *Adaptation en termes de distribution* : celle-ci concerne le format de distribution multi-canal, celui des points de vente modernes dont les magasins Casino qui permettent d'obtenir une rotation de vente plus rapide et les canaux de distribution traditionnels pour toucher le maximum de clients et répondre à la contrainte de distribution fragmentée, propre aux économies en développement. Ainsi, par une politique de maillage de cette distribution informelle à travers la multiplicité de ces points de vente, le produit est au plus près du consommateur. Aussi, dans un esprit de créativité et de distribution directe, des moyens de distribution plus adaptés comme les chariots ou les pousse-pousse pour certaines zones ou banlieues enclavées participent de cette politique de distribution avec l'enjeu sous-jacent de réduire les coûts de transport qu'entraîne le recours à des chauffeurs-livreurs.

3. *Adaptation en termes de prix en prenant en compte la sensibilité-prix* : en ce sens la politique-prix chez Dolima est de proposer un produit présentant un bon rapport qualité/prix pour le consommateur local. De même, pour répondre aux habitudes de micro-consommation, le produit est décliné selon des formats de 50 g de yaourt, de 100 g et de 250 g. L'enjeu commercial a été d'en faire un produit de grande consommation, accessible à toutes les fourchettes de prix et finalement à toutes les couches sociales.

4. *Adaptation en termes de produits* : pour ce faire, les produits compacts qui répondent aux goûts et aux usages des consommateurs mais aussi l'addition d'arôme et de sucre ont été prônés. De même, un micro-conditionnement du produit a été défini selon le modèle du marché local. Enfin, la qualité du produit est garantie par le système de production à base de lait de vache pour se démarquer du lait en poudre qui constitue la matière première souvent utilisée. Les éleveurs locaux par un partenariat gagnant-gagnant et un social business participent à cette chaîne de production et sont assurés des revenus corrects et réguliers.

Pour ces entreprises et marques, au-delà du marché local, leur développement doit être favorisé à travers une orientation-marché. Cette approche culturelle de l'orientation marché se manifeste dans trois composantes : une composante dite « d'orientation vers les clients » qui impose de connaître et de répondre aux attentes exprimées par les consommateurs ; une composante dite « d'orientation vers les concurrents » qui suppose une connaissance du marché, des tendances et des positionnements et enfin une composante dite de « coordination interfonctionnelle » qui permet de gérer de manière stratégique ses activités (Narver et Slater 1990 : 21-22). L'accès au marché international doit se faire en inversant le processus d'innovation en développant « des technologies à bas coûts en partant des besoins et des contraintes des populations en développement. Et ces technologies devraient, à leur tour pouvoir s'imposer dans les pays développés eux-mêmes. Le chemin inverse, en réalité de ce qui a longtemps dominé sur l'axe Nord-Sud, où les classes moyennes des pays en développement ne jurent que par les produits occidentaux importés, signes de qualité et de distinction » (Boillot et Dembinski 2013 : 202).

Plus particulièrement, il s'agit d'oser enfin le « made in Africa ». Dans notre perspective le « made in Africa » doit être avant tout un « made for Africa », (Brunel 2004 : 42) les Africains fabriquent pour les Africains (AFA) doit être un slogan partagé comme à coup de publicité l'est, les « Nigériens Nourrissent les Nigériens (N3) » a pris forme. L'ensemble des entreprises présentes sur le marché africain méritent d'être sensibilisées sur cet objectif : concevoir et vendre des produits et services pour le bien des Africains. De manière didactique, cet objectif général engage la compréhension des consommateurs africains, la définition de leurs besoins et des innovations-produits, des concepts-produits encouragés dans tous les secteurs de l'activité économique.

L'objectif final du « made in Africa » est celui de couvrir au fur et à mesure tous les champs de consommation : des besoins primaires aux besoins les plus sophistiqués, des besoins matériels aux besoins immatériels, des besoins éphémères aux besoins durables, des besoins de consommation aux besoins de production. De manière pratique, cet engagement exige de chaque pays africain de mobiliser son industrie de consommation sur cette initiative, d'inciter sa population à un esprit d'entrepreneuriat sociétal, de créativité industrielle, d'innovation marketing, de fabrique d'une communauté de consommateurs impliqués et responsables. Des synergies entre différents pays peuvent aussi être développées pour permettre la diffusion de compétences, de savoir-être et d'un esprit résolument panafricain. C'est le sens de l'ouvrage « l'Afrique au secours de l'Afrique » (Mbaye 2009). Ces synergies peuvent se faire sous la forme de transferts de technologies, de formation à l'international, de recrutement d'experts et de ressources humaines, de tous horizons, d'achats de machines-outils dans les ateliers du monde au service de cet engagement. Il s'agit de créer de la valeur à partir du continent, de produire des innovations inclusives et soutenables en termes de durabilité et de respect de l'environnement. Dans cet élan d'africanisation de l'offre de marché, il n'est pas besoin de fermeture et de repli sur soi mais de dialogue des compétences. À ce titre, l'Afrique peut s'inspirer des pays émergents pour leurs expériences et innovations. Mais avant tout, il faut de la confiance en soi à l'Afrique pour imaginer et tracer sa voie. Les entreprises africaines ont des avantages comparatifs certains par rapport aux groupes et marques internationales. Elles peuvent se prévaloir d'une meilleure connaissance de terrain et des marchés locaux. À force d'expérimentation, ils ont souvent construit et accumulé des informations et données pertinentes sur ces marchés. Nous proposons, avec des cas à l'appui, des stratégies qui ont montré leur efficacité.

L'Afrique doit prendre sa place dans les chaînes de valeur mondiales (voir Cas pratique Condor). Elle en est trop réduite à être qu'à la base. Des pays ont engagé sur la base d'investissements privés sur la création d'industries de transformation locales. 75 % du cacao mondial est produit en Afrique, elle ne participe qu'à hauteur de 2 % du chiffre d'affaires du marché de l'industrie du chocolat. L'exemple de la Côte d'Ivoire notamment au travers la fabrique, voire l'émergence d'une production de chocolat local est illustratif de ce phénomène de transformation espéré des industries locales. Principale exportatrice du cacao, elle a toutes les capacités de s'imposer comme un géant de l'industrie du chocolat si elle parvenait à raffiner sur place ses fèves et pas simplement de les broyer comme l'effectue les douze usines de transformation de cacao que comptent le pays. Tributaire des recettes d'exportation du cacao, la politique actuelle est prudente. Mais, la toute première industrie de beurre de cacao en Côte d'Ivoire dédiée au marché ivoirien a été créée depuis mai 2016. Elle est le fait du chocolatier français Cemoi qui bénéficie d'une présence de plus de vingt ans en Côte d'Ivoire. Ici et là, il y a des réformes et des investissements en augmentation pour relancer et transformer des matières premières locales. On peut inscrire dans cette tendance le développement de chaînes de café internationales mais aussi locales. Le succès de la marque sénégalaise « Thiossane » qui veut dire tradition de l'entrepreneure Magatte Wade en Afrique et dans la diaspora africaine et américaine en est un exemple. C'est le signe de fond d'une évolution de la consommation africaine.

Des pays comme le Kenya voire le Cameroun sont dans cette direction. Il est clair que les économies locales et les producteurs auront plus de poids si les produits sont transformés et consommés localement plutôt que vendus à l'export à l'état brut avec des marges, de ce fait, plus faibles. Cette expérience de tradition d'un produit local doit davantage être enraciné et intégrée dans les pratiques managériales des pays. Il y a des marchés en friche, des secteurs d'activités en attente de développement, des filières en demande d'organisation et de professionnalisation. Dans d'autres marchés, cette production 100 % africaine germe. C'est le cas du Chopup, le studio de jeux vidéo 100 % africains.

Dans l'automobile aussi, des initiatives et projets se multiplient : il y a la Kira Motors en Ouganda qui ambitionne de commercialiser dès 2018 des pick-up et des camions après la réussite du lancement de son bus solaire de 35 places rechargeables en une petite heure au Kenya, il y a le modèle Mobius Motors, les 4 fois 4 Kantanka du Ghana, les voitures Innoson au Nigéria. La bataille pour la voiture de l'Afrique devrait bientôt s'amorcer. Selon Boillot et Dembinski (2014 : 255), « le continent africain est aujourd'hui un marché de 200 000 unités par an avec pas plus de 200 000 kilomètres de routes, soit autant que la Pologne. À titre de comparaison, la France vend près de 2 millions de voitures par an. Appliqué à un continent de près de 2 milliards d'habitants en 2050, le marché de l'automobile africain pourrait représenter à terme 20 à 30 millions d'unités et absorber pour les fabriquer et les faire rouler une partie croissante de toutes les ressources du continent ». Les chiffres de l'Organisation Internationale des Constructeurs d'Automobiles (OICA) montrent en outre qu'en 2014 à peine 1.7 millions de nouvelles voitures ont été vendues dans le continent africain soit dix fois moins que dans le marché européen. Avec 43 voitures en moyenne pour 1 000 habitants contre 790 aux États-Unis et 451 en Europe, le marché de l'automobile est appelé à se développer dans les prochaines années en Afrique. Engager la construction de voitures propres permettrait de limiter les conséquences écologiques, économiques que l'accès à la voiture serait susceptible de créer dans les années à venir.

Étude de cas 9 : Condor, une réussite algérienne

Contexte

La société Condor a été créée en 1954 par Mohamed Tahar Benhamadi qui lance son petit commerce à Bordj Bou Arreridj, un modeste bourg des Hauts Plateaux (à 250 km à l'est d'Alger) connu pour ses activités agropastorales. Un demi-siècle plus tard, l'échoppe devient un véritable empire économique. À l'indépendance du pays, en 1962, le pouvoir opte pour le modèle socialiste, qui laisse peu de place à l'entrepreneuriat. C'est à peine si les entrepreneurs privés ne sont pas considérés comme de vils bourgeois, agents du capitalisme et de l'impérialisme réunis, et ennemis de la révolution. Les choses changent cependant avec l'ouverture au libéralisme, amorcée au milieu des années 1980. S'appuyant sur le bon sens, Mohamed Benhamadi décide d'investir ses premières économies dans l'achat de camions pour le transport de marchandises et de matériaux de construction. Malgré la guerre et son corollaire de disettes et de misère, le petit business de Mohamed Benhamadi prospère.

Le développement fulgurant

À l'époque, émergeant des années noires du terrorisme, les Algériens voient leur pouvoir d'achat s'améliorer. Ils peuvent enfin commencer à rêver d'appartements dotés d'équipements modernes et, en particulier, d'acquérir un démodulateur pour capter les chaînes satellitaires. Abderrahmane Benhamadi flaire rapidement le filon et décide d'importer le premier récepteur satellite en Algérie. L'engouement est tel que les appareils s'arrachent. À tel point que le patron ne se contente pas d'importer et de vendre des équipements ; il réalise alors sa première opération en SKD (semi knocked down) en assurant, dans ses ateliers, l'assemblage de pièces détachées importées pour fabriquer des téléviseurs. L'avantage n'est pas négligeable pour le groupe, qui n'est redevable que de 5 % de droits de douane sur les pièces détachées, au lieu des 30 % dont il devait s'acquitter auparavant en important des produits finis. Les affaires marchant bien, le groupe passe alors à la vitesse supérieure et se dote d'une « vraie » usine, livrée clés en main par des partenaires chinois.

Importer en CKD (completely knocked down), monter sur place et augmenter le taux d'intégration, Condor applique ensuite sa recette à succès à tous les produits électroménagers : après les téléviseurs et les climatiseurs, c'est au tour des réfrigérateurs, des congélateurs, des cuisinières, des récepteurs satellite, des machines à laver, des chauffages domestiques… Le groupe se dote d'une usine d'emballage en polystyrène, d'une unité d'injection plastique, d'un atelier pour la fabrication de tiroirs de réfrigérateurs, d'une unité spécialisée dans la fabrication de machines à laver. Sans oublier la création d'une flotte de camions aux couleurs de l'entreprise pour livrer les produits de la marque sur le territoire national, dans tous les points de vente et tous les showrooms.

À partir de 2009, des multinationales tentent de racheter le groupe, qui repousse les offres. Fidèle à sa démarche, Condor importe d'abord des téléphones avant de lancer l'homologation du partenaire choisi et d'assurer le montage du produit ciblé au niveau local. En 2013, le groupe fabrique le premier smartphone made in Algérie, le fameux C1. « Cela a tout de suite été un succès fou », se souvient Abdelmalek Benhamadi. Désormais leader incontesté en son pays, Condor Electronics se lance à la conquête de nouveaux marchés. « Nous exportons depuis des années vers la Tunisie, la Jordanie, le Mali et la Mauritanie, entre autres. Avant la fin de cette année, nous allons réaliser nos premières opérations d'exportation de téléviseurs à écran LED et de smartphones vers la France et la Belgique », annonce Abdelmalek Benhamadi.

La chute ?

En août 2019, Abderrahmane Benhamadi, le PDG du groupe Condor, ainsi que deux de ses frères et une dizaine d'autres décideurs algériens, ont été placés en détention provisoire à Alger, pris dans une énième salve d'interpellations depuis le début de la campagne anti-corruption lancée en avril. Il s'agit d'une nouvelle étape dans la purge anti-corruption actuellement menée par les autorités algériennes, orchestrée notamment par le général Ahmed Gaïd Salah. Selon un communiqué du tribunal d'Alger, une enquête préliminaire conduite par la gendarmerie nationale avait abouti à des accusations de corruption et de blanchiment d'argent, ainsi que de financement occulte de partis politiques à l'encontre de ces décideurs algériens[39].

Les entreprises africaines doivent aussi s'appuyer sur la marque qui est un actif immatériel qui permet de se différencier de la concurrence. Elles doivent se positionner comme des champions du « business to consumer » à partir d'un marketing pragmatique et intuitif tenant compte des réalités africaines (faible alphabétisation). En Afrique traditionnelle, on construit la confiance à travers des personnes et non à travers des produits ou des symboles. Grâce à leur connaissance de la culture locale, les entreprises africaines peuvent développer des solutions originales adaptées au contexte local. Ainsi, au moment où L'Oréal a du mal à trouver la formule stratégique, le groupe camerounais Biopharma s'impose sur des marchés africains en proposant des produits cosmétiques adaptés qui répondent davantage aux attentes des consommateurs locaux. L'Ivoirien Sivop résiste quant à lui à ces multinationales des cosmé-

[39] Source : jeuneafrique.com ; condor.dz/fr/

tiques et des produits d'hygiène par l'occupation du terrain. Sa gamme de produits est bien mise en valeur dans les marchés traditionnels et son réseau de grossistes où 80 % des ventes s'opèrent.

Dans le domaine du transfert d'argent, le groupe Wari au Sénégal a mis en place une vraie stratégie de marque à telle enseigne que le mot « Wari » fait désormais partie du langage quotidien des Sénégalais. Ils disent ainsi « Warima » (en langue wolof) pour demander à quelqu'un de leur envoyer de l'argent. La stratégie de marque s'est construite autour d'une communication de proximité au niveau local. La démocratisation des services apportée par Wari dans la stratégie de création d'une marque proche de ses clients.

Section 2. Innovation, nouvelles technologies et consommation

2.1. Innovation : cadre d'analyse et exemples pratiques

La notion d'innovation

L'innovation consiste à faire évoluer les produits, les processus ou les organisations pour chercher à renforcer la compétitivité des entreprises. On distingue plusieurs types d'innovation : la fabrication de biens nouveaux, nouvelles méthodes de production, ouverture d'un nouveau débouché, utilisation de nouvelles matières premières et réalisation d'une nouvelle organisation du travail. La capacité à innover est essentielle en toutes circonstances pour renforcer la compétitivité du distributeur international, c'est-à-dire, sa capacité à affronter la concurrence et à se développer sur ses marchés tout en assurant le niveau de profit nécessaire à son développement.

La capacité d'innovation résulte principalement, d'une part, de la capacité d'écoute des clients, de veille scientifique, technologique et économique et, d'autre part, de la capacité ou de la rapidité avec laquelle ces idées ou observations sont transformées en produits ou en services pour les clients de l'entreprise. Or, compte tenu de leur contact avec des clients de cultures diverses, les distributeurs internationaux ont un avantage concernant la capacité d'écoute des clients, l'utilisation des technologies ainsi que l'offre de nouveaux produits et services. L'innovation peut prendre des formes très variées dans les secteurs du commerce en forte évolution que sont les hypermarchés, la grande distribution spécialisée et les centrales d'achats (cf. tableau 1). Gallouj et Gallouj (2009) ont développé le concept d'innovation servicielle pour montrer que le secteur commercial a depuis longtemps dépassé le stade de l'adoption-adaptation de l'innovation au profit de celui de sa production. L'Afrique est principalement concernée par des innovations servicielles qui semblent finalement moins coûteux à mettre en place que les innovations de nature industrielle.

Tableau 1 : Typologie de l'innovation commerciale

Type d'innovation	Exemples
Concept de vente	Commerce par internet ; Nouvelles offres multiservices (conseils, espaces de repos) ; Diversification de la gamme des produits vendus (créations d'espaces spécialisés) ; Appropriation d'un nouveau format magasin (ouverture d'un global store).
Méthode de gestion de Flux	Gestion des flux par EDI (commandes automatisées selon les stocks) ; Concept généralisé du frais emballé (fromage, charcuterie, poisson) ; Nouveau logiciel de gestion des échanges producteurs (comptabilité centralisée) ; Paiement sécurisé.
Organisationnelle	Mise en place d'un réseau inter-entreprise ; Fusion/absorption/acquisition d'entreprises ; Formation, ergonomie ; Introduction de nouveaux contrats de franchise.

Type d'innovation	Exemples
Relationnelle	Partenariats producteurs ; Fidélisation du client (création tickets d'achats, marques de distributeurs) ; Accompagnement de la vente (standard téléphonique, suivi des commandes).

Source : Berry (2006 : 26)

Les centres commerciaux en Afrique

Les pays d'Afrique connaissent des changements importants en particulier en matière de distribution avec un paysage commercial qui se modernise rapidement et la création de centres commerciaux modernes. La forte demande des populations et des commerçants en matière d'infrastructures et d'équipements marchands en Afrique ont incité les autorités locales et promoteurs immobiliers privés à développer des projets de centres commerciaux (Abaza 2001). Avec leur vaste marché en expansion et leur niveau technologique en progression rapide, ces pays présentent un attrait fort pour les distributeurs internationaux. Casino vient par exemple de lancer une plateforme e-commerce dédiée à l'Afrique, en partenariat avec le groupe Bolloré. Cependant, les formats commerciaux que les entreprises adoptent en France ou en Occident ne sont pas toujours transposables dans ces pays. Ils n'offrent pas toujours des garanties de succès car les consommateurs peuvent les percevoir différemment. Ainsi, un concept considéré comme innovant dans le pays d'origine peut ne pas être perçu comme tel dans un pays d'accueil moins développé. La culture et le niveau de développement du marché visé peuvent en effet entraîner des différences de perception d'une même formule d'un pays à un autre (Reinartz *et al*. 2011).

Ces types de comportements culturels spécifiques sont susceptibles d'affecter le fonctionnement des centres commerciaux modernes plutôt basé sur le modèle occidental qui donne la primauté à l'individu. En effet, la plupart des centres commerciaux africains ancrés dans les valeurs traditionnelles intègrent dans leur organisation et leur fonctionnement ces éléments culturels par exemple dans certains aspects marketing (Diallo et Seck 2015) :

– des produits qui ne sont pas disponibles en libre-service favorisant ainsi l'interaction avec le ou les vendeurs ;
– l'usage par les commerçants de la « parenté à plaisanteries » comme mode de communication favorisant la sociabilité, le dialogue et permettant ainsi aux commerçants de mieux communiquer, vendre un produit ou fidéliser plus facilement la clientèle ;
– la pratique du marchandage (avec une absence de prix fixes sur les produits) qui encourage l'interactivité et la sociabilité.

L'analyse de deux centres commerciaux (Sea Plaza et Touba Sandaga) positionnés différemment nous permet d'apprécier l'importance d'avoir des centres commerciaux de standard international, mais aussi de tenir compte de la culture locale en Afrique.

Étude de cas 10 : Sea Plaza vs. Touba Sandaga au Sénégal

Contexte

Sea Plaza est créé en 2010 par Teylium Properties (un groupe privé international) et s'étend sur 14 000 m^2. Il est situé en bordure de mer et reste un des premiers centres commerciaux haut de gamme de l'Afrique de l'Ouest. À l'instar des centres commerciaux occidentaux, plusieurs enseignes, comme Zara, Celio et Mango, et plusieurs marques de renommée internationale, comme Gucci et Yves Saint-Laurent, y sont présentes. On y trouve des supermarchés (comme Casino), de nombreuses boutiques (mode, maroquinerie, beauté, bijouterie, etc.), des services (librairie, pharmacies, etc.) et un parking moderne. Son « concurrent local » Touba Sandaga est quant à lui situé en centre-ville. Il est perçu comme un centre commercial moins innovant au sens classique et plus ancré dans la réalité africaine. Cet ancrage aux valeurs africaines est perceptible tout d'abord à travers le nom donné au centre commercial : Touba Sandaga. Touba est une ville sénégalaise et le berceau de la confrérie musulmane des mourides qui sont très traditionnalistes et qui contrôlent les activités d'importation au Sénégal (Copans 2000). Sandaga est quant à lui un lieu commercial situé en plein cœur de Dakar. Il est le marché traditionnel le plus célèbre du Sénégal et le poumon de l'économie informelle. L'ancrage local est donc totalement assumé avec la prise en compte des valeurs traditionnelles. Ce centre commercial appartient au groupe local CCBM (une holding qui gère plusieurs sociétés de distribution ou services au Sénégal). On y retrouve principalement des boutiques (mode, maroquinerie, beauté, bijouterie, électronique, etc.). L'architecture et le design de ce centre commercial sont assez rustiques. La plupart des marchandises qui y sont vendues proviennent de grandes villes africaines (comme Lagos, Johannesburg), de Dubaï, etc. Les produits qui peuvent être neufs ou d'occasion ne sont pas généralement accessibles aux clients en libre-service. Le marchandage sur les produits est une pratique dominante à Touba Sandaga comme dans la majorité des centres commerciaux traditionnels sénégalais où les prix ne sont pas fixes. Ce centre commercial tient compte du pouvoir d'achat local (prix abordable) et de la praticité (emplacement accessible en transport public).

Facteurs associés à l'innovation

Sur la base d'une étude qualitative (avec 18 répondants), quatre registres lexicaux sont associés à l'innovation dans ces centres commerciaux : l'innovation de service, l'innovation de produits (marque), l'innovation de concept et l'innovation technologique. Au niveau du service, Sea Plaza a innové radicalement en proposant divers services pour satisfaire des clients plus exigeants et avides de nouveautés, notamment en provenance de l'Occident (cafétérias, restaurants, fast-foods). De même, le fait de mettre en place un service de garderie d'enfants a permis à Sea Plaza d'être un centre commercial particulièrement innovant dans le contexte africain et d'avoir un avantage compétitif. Au niveau produit, la présence de marques internationales (Uno, Mango, Gucci, …) permet d'offrir des produits uniques dans le contexte local. Concernant le concept, l'analyse des caractéristiques physiques du centre commercial montre qu'il est perçu comme innovant sur plusieurs critères : au niveau de l'architecture, du design, des formes. Ces caractéristiques permettent d'attirer et d'enchanter le visiteur. La nouveauté de Sea Plaza se manifeste également à travers les couleurs, qui sont un aspect dont les Africains sont très sensibles. Sur le plan technologique, trois usages de la technologie ont été identifiés : la technologie comme soutien physique (ex. escalators), la technologie comme aide à la connectivité (wifi) et la technologie comme moyen d'attirer une clientèle jeune (accès gratuit internet). On est loin des innovations technologiques actuelles dans les centres commerciaux des pays développés (intégration des bornes interactives, du QR commerce, du social commerce, du mur d'image, du paiement sans contact ou NFC, etc.). Cependant, les innovations déployées dans la distribution sénégalaise s'inspirent de plus en plus de la situation des marchés développés. Elles sont porteuses de grands changements et concourent à moderniser les centres commerciaux au Sénégal.

Solutions pour améliorer la gestion des centres commerciaux

Dans leur politique d'innovation, les centres commerciaux comme Sea Plaza peuvent agir sur chacune des variables du marketing-mix :

– *Le produit/la marque* : il convient de proposer une variété de produits et de marques dans les différentes boutiques du centre commercial. La marque est peu connue en Afrique traditionnelle où la confiance était assurée par la réputation et la notoriété des personnes physiques. Cependant, l'exposition des consommateurs aux médias de masse occidentaux donne aux marques une importance accrue et entraîne une homogénéisation des préférences des consommateurs. Il convient par conséquent de proposer des produits de qualité aux différents segments de consommateurs pour être capable de faire face à la concurrence des produits chinois.

– *Une stratégie de prix adaptée au contexte local* : en Afrique les pouvoirs publics contrôlent largement la détermination des prix soit en fixant autoritairement les prix de vente de nombreux produits surtout alimentaires, soit en déterminant des marges « licites » aux niveaux de la fabrication et de la distribution des produits. Il faut ajouter à ces contraintes les fortes disparités de revenus entre les consommateurs. Tout ceci impose aux centres commerciaux de pratiquer une politique d'adaptation locale en matière de fixation des prix. Des prix sur mesure ou des prix flexibles pour chaque segment de clientèle doivent être de mise dans les centres commerciaux qui veulent avoir une présence durable au Sénégal. On peut par exemple imaginer le lancement de centres commerciaux avec un positionnement intermédiaire entre les deux centres commerciaux étudiés. Il s'agit de pratiquer des prix accessibles dans des centres commerciaux sans oublier de miser sur les dimensions de l'innovation perçue pour attirer et fidéliser le client.

– *Une politique de communication et de promotion adaptée aux spécificités locales* : les centres commerciaux ont tendance à utiliser les mêmes techniques de communication et de promotion que celles utilisées en Occident. Malgré le faible taux d'alphabétisation, la population africaine est attentive à ces formes de communication. Les supports et médias de masse sont accessibles au grand public africain. Cependant, pour une meilleure efficacité de la politique de communication pouvant attirer et susciter l'acte d'achat du consommateur sénégalais, les centres commerciaux innovants peuvent miser sur les leaders d'opinion (comme les chanteurs, les sportifs, les comédiens, les animateurs) qui ont une influence très forte sur la population mais également en utilisant les moyens traditionnels de communication comme la « parenté à plaisanteries ». De même « le bouche à oreilles » ne doit pas être négligé, car au Sénégal une grande partie de l'information passe par ce moyen de communication.

– *La distribution* : aujourd'hui en Afrique, l'information du consommateur sur le lieu de vente et la mise à disposition des clients d'un assortiment varié deviennent des critères déterminants pour le choix d'un point de vente. Face à une population en majorité jeune et initiée aux nouvelles technologies, ces dernières doivent constituer un pilier de la stratégie de distribution. Nous constatons par exemple un usage sans précédent du Smartphone qui est en train de révolutionner la vie quotidienne au Sénégal et en Afrique de manière générale. Les centres commerciaux pourraient innover en matière de distribution en lançant des applications mobiles qui permettraient aux consommateurs de consulter en ligne les produits disponibles ou encore de géolocaliser les produits à l'intérieur des points de vente des centres commerciaux[40].

2.2. Modèles d'analyse et impact des nouvelles technologies en Afrique

Cadre d'analyse théorique

Selon Dubois et Bobillier-Chaumon (2009), les technologies de l'information et de la communication sont devenues depuis quelques années déjà des outils/partenaires désormais classiques, voire incontournables de l'activité humaine, qu'elles soient à vocation sociale, domestique ou professionnelle. Selon eux, compte tenu de leur développement incessant se pose la question de leur acceptation par des publics et/ou utilisateurs très spécifiques (tant par leurs besoins, leurs projets, leurs capacités/incapacités). Ces auteurs indiquent que les diverses études menées sur les usages puisent leurs paradigmes dans diverses disciplines (psychologie, sociologie, ergonomie, sciences cognitives, sciences de gestion, anthropologie, sciences et technologies de l'information et de la communication...). Elles s'articulent autour de différentes démarches (de simulation, de test, d'analyse d'activité, d'inspection, d'enquête d'usage, etc.), qui associent généralement l'usager final. Elles cherchent enfin : (i) à évaluer la qualité ou la « conformité » de cet usage (en termes de mésusage, d'usages détournés ou contournés) ; (ii) à rendre compte de diverses dimensions et formes de cet usage (principalement en termes d'utilité, d'utilisabilité, d'accessibilité numérique et d'acceptabilité...) ; ou encore (iii) à cerner les incidences (cognitives, affectives, organisationnelles, économiques, sociales, collectives...) de leur diffusion.

Hasnaoui et Lentz (2011) distingue trois sources d'explication de l'acceptation/adoption des nouvelles technologies :

[40] Source : adapté de Diallo et Seck (2015).

le modèle d'adoption des technologies (Technology Acceptance Model – TAM) développé par Davis *et al.* (1989), les caractéristiques de l'innovation proposées par Rogers (1995) et le modèle de Perceived Characteristics of Innovating – PCI (Moore et Benbasat 1991).

Ces auteurs indiquent que le TAM est le modèle théorique le plus largement appliqué dans le champ des systèmes d'information. Il provient de travaux en psychologie sociale, notamment de la théorie de l'action raisonnée ou de Fishbein et Ajzen (1975). Il postule le lien causal entre l'utilité perçue et la facilité d'utilisation perçue d'une part, et l'attitude, l'intention et l'usage effectif, d'autre part (Davis *et al.* 1989). Rogers (1995) a défini cinq caractéristiques de l'innovation : l'avantage relatif, la compatibilité, la complexité, la possibilité d'observer les résultats de l'innovation et la possibilité de l'essayer. Le modèle du PCI a lui pour objet de mesurer les perceptions d'un individu confronté à une nouvelle technologie de l'information au moment de son adoption initiale ou de sa diffusion au sein de l'organisation. Cet instrument s'inspire ses cinq caractéristiques de l'innovation (Rogers 1995) : l'avantage relatif, la compatibilité, la complexité, la possibilité d'observer les résultats de l'innovation et la possibilité de l'essayer.

État des lieux des nouvelles technologies

D'après Akue-Kpakpo (2013), l'Afrique représente le plus grand défi mondial en termes de technologie de l'information et de la communication. Le continent enregistre les densités de réseaux téléphoniques et les niveaux de connectivité Internet les plus bas du monde. Le nombre d'utilisateurs d'Internet en Afrique reste faible, et les tarifs demeurent élevés par rapport aux taux de pénétration et aux coûts pratiqués dans le reste du monde.

Selon le rapport 2019 de GSMA[41], l'Afrique subsaharienne compte 456 millions d'abonnés mobiles uniques en 2018, soit une augmentation de 20 millions par rapport à l'année précédente et un taux de pénétration de 44 %. Environ 239 millions de personnes, soit 23 % de la population, utilisent également l'Internet mobile de manière régulière. Selon le même rapport, l'Afrique subsaharienne restera la région présentant le taux de croissance le plus élevé, avec un taux de croissance annuelle composé (TCAC) de 4,6 % et 167 millions d'abonnés supplémentaires d'ici 2025. Ceci portera le nombre total d'abonnés à un peu plus de 600 millions, soit environ la moitié de la population. D'ici 2025, le Nigéria et l'Éthiopie enregistreront les taux de croissance les plus rapides, soit 19 % et 11 % respectivement. À travers la région, l'essor démographique conduira un grand nombre de jeunes à s'équiper d'un téléphone portable pour la première fois. Ce segment de la population représentera la majorité des nouveaux abonnés aux services mobiles et, en tant que « natifs numériques » ils auront un impact considérable sur la façon dont les différents services mobiles seront utilisés à l'avenir.

Alain Kiyindou constate une véritable bataille pour l'économie numérique. Les groupes européens et américains, qui s'affrontent depuis plusieurs années, voient désormais émerger la concurrence d'entreprises asiatiques mais aussi africaines. Ainsi, « les acteurs des technologies de l'information et de la communication (TIC) ont bien mesuré l'enjeu que constitue le continent africain, un espace qui connaît une expansion démographique rapide. De nombreux opérateurs télécoms et équipementiers locaux (le sud-africain MTN, l'égyptien Orascom, etc.) ou internationaux (le français Orange, le britannique Vodaphone, l'indien Bharti Airtel, le franco-américain

[41] *Source* : https://www.gsma.com/r/mobileeconomy/sub-saharan-africa/

Alcatel-Lucent) investissent en Afrique, à commencer par les câbles sous-marins et la fibre optique. Ils sont également très présents sur les réseaux mobiles, où la concurrence est parfois rude. On voit aussi apparaître des marques africaines avec de nouveaux produits comme Elikia (« espoir » en lingala, une langue d'Afrique centrale), le premier smartphone africain. En 2012, le jeune ingénieur camerounais Arthur Zang a créé le cardiopad, une tablette qui permet des examens cardiaques à distance ; l'entrepreneur béninois Alain Capo-Chichi, se fixe quant à lui comme objectif d'équiper tous les étudiants ouest-africains avec ses ordinateurs Open Africa. »[42]

En 2019, l'entreprise panafricaine Mara Group a lancé son smartphone 100 % Made in Africa à Kigali, au Rwanda. Deux modèles, X et Z, tournent sous Androïd pour un coût respectivement estimé à 175 550 francs rwandais (170 euros) et 120 250 francs rwandais (120 euros). La marque a pour objectif de conquérir le marché du smartphone au Rwanda, actuellement dominé par Samsung et Tecno. « Il y a quelques années, nous nous sommes rendu compte que pour créer un impact social positif sur notre continent et sur les marchés émergents, nous avons besoin de smartphones de qualité et abordables »[43], confesse Ashish Thakkar, le fondateur de Mara Group.

Cet exemple montre une nouvelle dynamique africaine qui va s'amplifier. En effet, la consommation du téléphone mobile est corrélée avec la vitalité de la jeunesse africaine. Selon Afrique Renouveau, « les téléphones portables transforment les pratiques commerciales et de consommation

---

[42] Source : https://www.monde-diplomatique.fr/mav/143/KIYINDOU/53877

[43] Source : https://fr.sputniknews.com/afrique/201910191042290486-le-mara-phone-le-premier-smartphone-100-africain-est-entre-en-production-au-rwanda/?fbclid=IwAR2jUQ7cfdzIGt23YwAS23v-H0XlG1rKFM7zAxo9p85ZwyN7nZ1MkOFfPp0

en Afrique. En Namibie, il n'est pas rare de voir des adolescents vendre des champignons depuis leur téléphone portable. Il s'agit de la première génération à avoir directement accès à la haute technologie. Aujourd'hui, les téléphones portables sont presque omniprésents dans la société africaine. Les adolescents et les jeunes adultes ne peuvent plus s'en passer. D'après la Banque mondiale et la Banque africaine de développement, l'Afrique compte 650 millions d'utilisateurs de mobile, devançant ainsi les États-Unis et l'Europe. Dans certains pays du continent, avoir accès à un téléphone mobile est plus courant qu'avoir accès à l'eau potable, un compte bancaire ou l'électricité »[44].

Les usages du mobile sont multiples et variés : communiquer, écouter la radio, transférer de l'argent, faire des achats, réseauter, etc. La consommation mobile n'est pas dépendante des zones d'habitation (villes ou village), ni des ressources (riches ou pauvres). Le mobile a donc un potentiel réel qui attire les GAFAM (Google, Apple, Facebook, Amazon, Microsoft).

Après Paris, Tokyo, Pékin ou New York, Google a lancé un nouveau centre de recherche en intelligence artificielle (IA) à Accra, la capitale du Ghana, choisie pour lancer des recherches spécifiques dans le domaine de l'IA. L'idée est de s'intéresser aux applications spécifiques au contexte africain. Comme le souligne bien Moustapha Cissé, directeur du centre « Nous sommes évidemment influencés par notre environnement, et nous allons nous concentrer sur certaines problématiques du continent, comme la santé ou bien encore l'agriculture »[45]. Par exemple, les chercheurs réfléchissent

---

[44] Source :https://www.un.org/africarenewal/fr/magazine/mai-2013/la-mobilit%C3%A9-des-jeunes-%C3%A0-l%E2%80%99origine-du-changement

[45] Source : https://www.lesechos.fr/tech-medias/intelligence-artificielle/google-lance-son-premier-laboratoire-de-recherche-en-ia-en-afrique-1008918

sur des applications sur smartphones qui permettent de photographier certaines plantes et de déceler les signes avant-coureurs de maladies ou pour faire des diagnostics sur certaines pathologies (ex. cancers du sein).

Apple a pendant longtemps laissé l'Afrique à ses concur rents comme Samsung et Huawei. Dès 2013, le lancement par Apple en Californie du modèle 5C à 550 dollars montre une volonté, certes insuffisante, de conquérir les marchés émergents, y compris l'Afrique. Plus récemment, l'institut d'analyse de marché IDC a publié un nouveau rapport s'intéressant aux ventes de smartphone dans la zone EMEA (Europe, Afrique et Moyen-Orient). Le compte-rendu est intéressant, car il illustre le passage d'Apple en troisième place en termes de part de marché. Huawei le remplace en deuxième position derrière Samsung. Pour mettre en valeur la performance du constructeur chinois, entre autres, l'IDC a comparé les ventes de smartphone du dernier trimestre de l'année 2017 à celles du dernier trimestre de 2018. On voit par exemple que Huawei est passé de 12,2 % de part de marché dans la zone EMEA à la fin 2017, à 21,2 % de part de marché.

Facebook a ouvert son premier bureau en Afrique, à Johannesburg en 2015, afin d'accompagner la croissance du site sur le continent et d'accroître ses revenus dans la région en développant une offre publicitaire adaptée. Il a été placé sous la direction de Nunu Ntshingila (ancienne présidente d'Ogilvy South Africa, en charge des activités en Afrique subsaharienne de l'agence de communication Ogilvy). Pour l'Afrique en 2019, on dénombre plus de 211 millions d'utilisateurs. C'est 14,67 % de plus qu'en janvier 2018. L'Égypte est le pays africain ayant le plus d'utilisateurs : 39 millions, soit 1 million de plus en un an[46].

---

[46] Source : https://cmdafrique.net/2019/02/12/chiffres-facebook-2019-afrique/

La compagnie a récemment lancé à travers l'Afrique francophone « Boost Avec Facebook », un programme de soutien aux petites et moyennes entreprises. Elle vise ainsi à former au marketing digital 10 000 entrepreneurs en Côte d'Ivoire, au Sénégal, au Cameroun, en République Démocratique du Congo, au Bénin et en Guinée Conakry.

De son côté, Amazon réfléchirait sur une implantation africaine. Cependant, des acteurs locaux sont en train d'exploiter la vente en ligne de manière efficace. *Jumia* en un exemple parfait. Fondée par deux anciens consultants français de McKinsey (Jérémy Hodara et Sacha Poignonnec), *Jumia* opère dans au moins 14 pays du continent. Ses résultats témoignent d'une stratégie de conquête rapide de parts de marché au détriment de la rentabilité. Malgré les multiples problèmes (infrastructures déficientes, problèmes de sécurité, sous-bancarisation de la population, faible pénétration d'Internet), *Jumia* joue la carte de diversification et de l'adaptation locale. En avril 2019, *Jumia* a fait son entrée au New York Stock Exchange (NYSE). C'est la première fois qu'une start-up représente le continent à Wall Street. Comme l'a souligné Sacha Poignonnec « Jumia, c'est l'Afrique. C'est très symbolique qu'une start-up africaine réussisse à s'introduire à la Bourse de New York »[47].

Microsoft est présente depuis longtemps en Afrique. En 2013, le géant mondial du software a déployé de gros moyens via le lancement, au Caire, d'une nouvelle vision dédiée au continent noir. La vision est baptisée « Initiative 4 Afrika » où Microsoft s'engageait à investir 75 à 100 millions de dollars en 3 ans. Il s'agissait aussi de former et certifier quelque 200 000 jeunes pour favoriser leur insertion professionnelle. L'enjeu étant de créer des

---

[47] Source : http://www.lefigaro.fr/societes/jumia-le-amazon-africain-leve200-millions-de-dollars-a-wall-street-20190412

canaux directs de communication, libérer les initiatives et accroître le développement de compétence par la vulgarisation et la facilitation de l'accès aux TIC. Plus récemment, Microsoft ouvre ses premiers centres de données en Afrique (Johannesburg) en 2019 avec une mise à disposition générale des services Microsoft Azure. Elle devient ainsi le premier fournisseur mondial à proposer des services Cloud depuis des centres de données sur le continent. L'objectif est d'aider les sociétés à transférer en toute sécurité et fiabilité leurs activités vers le Cloud, tout en satisfaisant aux besoins de conformité.

Impact des nouvelles technologies sur les sociétés africaines

Les nouvelles technologies participent à une véritable redynamisation de l'économie africaine. Selon le rapport GSMA (2019), les technologies mobiles contribuent au développement économique de l'Afrique selon différentes modalités.

D'abord, en 2018, les technologies et les services mobiles ont généré 8,6 % du PIB de l'Afrique subsaharienne, en créant une valeur économique ajoutée de plus de 144 milliards de dollars. L'écosystème mobile représente également près de 3,5 millions d'emplois (directs et indirects) et a apporté une contribution substantielle au financement du secteur public, avec près de 15,6 milliards de dollars collectés par le biais des impôts. En 2023, la valeur créée par l'industrie mobile atteindra près de 185 milliards de dollars (soit 9,1 % du PIB). En Afrique subsaharienne, l'écosystème du mobile joue également un rôle significatif dans l'économie informelle. Près de 1,2 million des 1,7 millions directement employés par cet écosystème du mobile, sont des employés informels, travaillant dans la distribution et la vente au détail de services de la téléphonie portable.

Ensuite, les plates-formes des services mobiles causent des bouleversements de plus en plus significatifs dans les chaînes de valeurs traditionnelles, dans différents secteurs de la région. Ces plates-formes, principalement développées par un écosystème d'entreprises technologiques à croissance rapide (startups), visent à éliminer les inefficacités des modèles commerciaux classiques, étendre la portée des services et offrir un plus grand choix à la clientèle. L'Afrique subsaharienne demeure un terrain propice au développement des services financiers mobiles. La fin de 2018 fut marquée par un nombre record de 395,7 millions de comptes d'argent mobile enregistrés dans la région, ce qui représente près de la moitié du total des comptes d'argent mobile au niveau mondial. La région est désormais desservie par plus de 130 services financiers mobiles, dont beaucoup sont gérés par des opérateurs mobiles comme Orange en Afrique francophone ou le groupe sud-africain MTN en Afrique anglophone.

Au Kenya, la téléphonie mobile a eu d'énormes répercussions économiques. M-Pesa, service de paiement par téléphonie mobile lancé par l'opérateur mobile kenyan Safaricom, est probablement le plus grand succès numérique en Afrique à ce jour (*cf.* Cas pratique). En s'appuyant sur ce modèle, les jeunes développeurs de logiciels africains cherchent des solutions aux problèmes quotidiens. Certains développent eux-mêmes des applications, comme l'Ougandaise Christine Ampaire. Après le succès de son application Mafuta Go, qui permet aux utilisateurs de trouver la station-service la plus proche et la moins chère, elle a développé aujourd'hui une application utilisant les SMS pour les conducteurs de moto-taxis de la capitale, Kampala, n'ayant pas accès à Internet. Ces innovations ne concernent pas seulement le secteur commercial, mais aussi l'agriculture, la santé et l'éducation[48].

Étude de cas 11 : M-Pesa, une révolution disruptive

Contexte

Pionnier dans le secteur des transferts monétaires via la téléphonie mobile, M-Pesa – M pour Mobile et Pesa qui veut dire en Swahili « argent » – a été lancé en 2007 et est aujourd'hui répliqué dans plusieurs zones du monde, notamment dans d'autres pays d'Afrique mais aussi en Europe ou en Asie.

M-Pesa, à l'origine un instrument facilitant la réalisation de transferts monétaires entre des proches, a rapidement évolué pour pénétrer désormais une multitude de pans de l'économie, permettant notamment à ses utilisateurs des achats de biens et de services, le paiement des impôts via la plateforme i-Tax ou encore l'accès à des services bancaires proprement dits, via M-Schwari, une plateforme qui en est dérivée.

Aujourd'hui, près de 19 millions de Kényans font un usage régulier de M-Pesa soit près de 70 % de la population adulte. Chaque seconde, environ 900 transactions sont réalisées par ce biais. Au total, M-Pesa voit transiter 68 % des transactions monétaires du pays, représentant en valeur 7 % des montants passant par l'ensemble des moyens de paiement du système bancaire et financier kényan, soit 25 Mds USD par an ou un peu plus du tiers du PIB du pays.

Impact socio-économique

Le développement de M-Pesa a eu des retombées spectaculaires sur le front économique et social depuis son lancement : 180 000 emplois ont été créés soit 8 % de

---

48 Source : https://www.africadiligence.com/la-mobilite-des-jeunes-africains-dope-les-marches-4532890/

l'emploi formel au Kenya ; le taux d'exclusion financière totale – autrement dit le pourcentage d'adultes qui n'ont accès ni aux services financiers formels, ni aux services informels – est passé de 38,4 % de la population en 2006 à 17,4 % en 2016, ce qui signifie qu'un surcroît de 5 millions de personnes a enfin eu accès à des services financiers de base ; enfin, M-Pesa a été un vecteur de bancarisation puissant, avec un nombre de comptes bancaires associés à la plateforme égal à 31,6 millions fin 2016, un chiffre à mettre en regard des 41,7 millions de comptes bancaires classiques.

KPMG a chiffré l'« impact social » de M-Pesa à 1,8 Mds USD pour la seule année 2016, en tenant compte d'une part, de l'impact économique direct de l'instrument et d'autre part, des retombées en matière de bien-être sur les différentes parties prenantes : les utilisateurs, les agents, les commerçants et les employés. Publiée en décembre 2016, une étude du MIT a mis en valeur un effet positif de M-Pesa sur la consommation, à partir du nombre d'agents M-Pesa dans un rayon de 1 km : la présence de cinq agents dans ce périmètre se traduirait par un surcroît de 6 % de la consommation moyenne par tête.

L'impact en matière de mobilisation des ressources domestiques est, quant à lui, plus difficile à évaluer. La taxe appliquée sur les commissions de l'opérateur téléphonique Safaricom pourrait représenter jusqu'à 0,4 % des recettes fiscales annuelles kényanes. Mais en plus, Safaricom, dont la croissance est principalement tirée par M-Pesa, est aujourd'hui le plus gros contribuable du pays avec 215 MUSD d'impôts pour l'année budgétaire 2016/ 2017 ; en tenant compte des dividendes versées par Safaricom à son actionnaire, l'État a donc perçu 592 MUSD, soit environ 5 % des recettes fiscales au cours de cette année-là. En outre, M-Pesa dispose d'un partenariat avec I-Tax, une plateforme créée en 2014 par le fisc kényan pour faciliter le paiement des impôts ; en 2017, 54 % des contribuables kényans soit 5,8 millions d'individus sont enregistrés sur cette plateforme et peuvent donc s'acquitter de leurs impôts avec M-Pesa. Enfin, la mobilisation des ressources publiques via M-Pesa a pris un autre tournant en 2016 avec le lancement fin mars de M-Akiba, une plateforme électronique d'émission et d'achats de bons du Trésor, là encore dérivée de M-Pesa ; deux émissions ont été réalisées, l'une de 1,5 MUSD et l'autre de 9,7 MUSD, avec des fortunes diverses.

Aujourd'hui, le poids de M-Pesa dans la vie quotidienne des Kenyans et, plus globalement, dans le fonctionnement de l'économie kenyane est tel que, pour la première fois, le National Treasury s'est inquiété dans la loi de finances 2017 des conséquences d'une faille du système, faille liée à un piratage informatique ou encore à un défaut de gestion de la banque Commercial Bank of Africa qui héberge les fonds M-Pesa.

Les conditions du succès

Une économique numérisée : le concept s'appuie sur les principales enseignes de supermarché, les restaurants mais aussi la compagnie nationale d'électricité et les auto-écoles dotés d'un numéro d'identification, permettant à leurs clients de régler directement leurs factures depuis leur téléphone mobile. Les transactions totales M-Pesa au Kenya pourraient se situer à 20 % en 2020 selon les prévisions. « Nous avons réussi non pas à vendre un produit, mais à proposer des solutions commerciales », analyse Kenneth Okwero, directeur de la stratégie chez Safaricom.

Présence rurale imbattable : même si Safaricom dominait déjà largement le marché kényan de la téléphonie mobile, cette réussite n'aurait pas été possible sans la mise en place d'un vaste réseau de distribution : plus de 100 000 « agents » chez qui l'on vient retirer ou déposer de l'argent sur son compte mobile. Ils sont répartis sur l'ensemble du territoire kényan, y compris dans les zones rurales désertées par les banques.

Une régulation favorable : une autre explication du succès de M-Pesa repose sur le rôle des régulateurs, qui ont autorisé le lancement du service, malgré le lobbying intense des banques et d'autres groupes pour l'empêcher. « Quand M-Pesa est arrivé, il n'y avait aucune réglementation sur le transfert d'argent via le téléphone mobile, mais les autorités kényanes lui ont permis de fonctionner », explique Bob Collymore. Une situation sans doute rendue possible par le fait que le gouvernement détient 35 % du capital de Safaricom. D'ailleurs, lorsque Vodafone a lancé M-Pesa en RD Congo, au Ghana, en Roumanie ou encore en Inde, les résultats ont été mitigés à cause des réglementations plus restrictives de la part des banques centrales et d'un réseau téléphonique parfois défaillant. En Afrique du Sud, la plateforme a été retirée du marché en juin 2016, deux ans seulement après son introduction[49].

À la suite de M-Pesa, plusieurs initiatives disruptives concernant les technologies sont lancées sur le continent africain, notamment à destination des couches plus vulnérables d'Afrique. L'Agence Française de Développement (AFD) a mis en place un Digital Challenge qui récompense cinq entreprises mettant les innovations numériques au service des femmes africaines. Sur le continent africain, les femmes sont 21,9 % à être connectées et à utiliser Internet, contre 28,9 % des hommes. Elles ne représentent également que 23,7 % des parlementaires en Afrique subsaharienne, 18,7 % en Afrique du Nord. Selon l'AFD, dans tous les domaines – l'emploi, l'éducation, la santé, la gouvernance – les femmes sont discriminées, en Afrique comme ailleurs malgré leur rôle moteur de développement puissant et

---

[49]Source : https://www.tresor.economie.gouv.fr, jeuneafrique.com

durable. Le numérique a un impact démultiplié dans de nombreux secteurs clés pour le développement (écologie, énergie, éducation, banque, gouvernance), il peut être mis au service du développement du continent africain, et particulièrement de la lutte pour l'égalité hommes-femmes. Parmi les projets lauréats, des applications au service de l'éducation développées au Nigéria, une plateforme en ligne kenyane de partage d'informations entre commerçantes transfrontalières ou encore des couveuses connectées au Cameroun[50]. Voici la liste des projets concernés par la troisième édition du Digital Challenge AFD :

Sauti Africa (Kenya) : fondée par Julia Lipowiecka et Lance Hadley, Sauti Africa est une plateforme mobile qui donne aux femmes commerçantes transfrontalières les informations nécessaires pour faire des échanges de manière sûre, légale et rentable dans toute l'Afrique de l'Est. Faciliter les échanges de ces commerçantes, c'est garantir la sécurité alimentaire de leurs enfants, sécuriser les emplois et lutter contre la pauvreté (AFD).

Direxiona (Égypte) : fondée par Nayrouz Talaat, journaliste économique et diplômée en entrepreneuriat, Direxiona est une plateforme qui met en contact des femmes qui souhaitent apprendre à conduire avec des monitrices de conduite. Depuis sa création en 2016, elle a permis à plus de 150 femmes d'apprendre à conduire et de dépasser leur peur de prendre le volant. Plus de 10 000 séances de conduite ont déjà eu lieu. L'objectif : atteindre les 50 000 séances de conduite d'ici fin 2019 (AFD).

Zenafri (Nigeria) : diplômée en communication, en gestion des affaires et en entrepreneuriat, Elizabeth Kperrun

---

[50] Source : AFD : https://www.afd.fr/fr/afd-digital-challenge-5-innovations-au-service-des-femmes-africaines?fbclid=IwAR1WsP2wXWiUomM_5PCh_7YK-v5yS1e_dfw1ALP28vUY41jLCWUjSycxIhA

est à l'origine de Zenafri. Le projet qu'elle porte est le résultat d'un constat simple : l'éducation est la clé pour que les jeunes filles puissent prendre des décisions éclairées dans toutes les situations. C'est pourquoi Zenafri a été pensée comme une entreprise de développement de jeux et d'applications à vocation éducationnelle pour les enfants et les jeunes femmes africaines (AFD).

Agence universitaire pour l'innovation (Cameroun) : au Cameroun, comme dans les pays à faibles revenus, chaque année, 15 % des nouveau-nés meurent pour cause de prématurité. Une des raisons : le manque de disponibilité des couveuses. Au Cameroun, on compte moins de 100 couveuses pour plus de 7 000 établissements de santé. L'Agence universitaire pour l'Innovation, association d'ingénieurs et d'universitaires, a pris le problème à bras-le-corps : elle propose de produire une couveuse néonatale connectée. Adossée à un système numérique, elle dispose d'un système intégré de photothérapie, de capteurs et d'une caméra. Les informations médicales de suivi sont disponibles en temps réel via une application mobile pour les médecins qui peuvent aussi régler la couveuse à distance (AFD).

Lenali (Mali) : seuls 10 % de la population malienne est connectée aux réseaux sociaux. Une fracture numérique importante dans un pays où les technologies mobiles sont pourtant de plus en plus accessibles. La vraie explication ? 60 % de la population malienne est analphabète et n'a pas accès aux réseaux puisqu'il faut savoir lire pour s'en servir. C'est pourquoi l'entreprise de développement numérique Lenali a développé une plateforme de formation en ligne, Musso Dèmè. Son interface facile d'utilisation est accessible à un large public grâce à des guides vocaux disponibles dans plusieurs langues africaines. Elle intègre des ressources permettant aux femmes d'acquérir des savoirs pour accéder aux actifs économiques, développer leur activité et s'assurer une reconnaissance formelle (AFD).

Au total, à travers les TIC, la globalisation et la localisation se nourrissent l'une et l'autre et permettent à l'Afrique de montrer un autre visage et de construire un modèle de développement adapté à ses besoins locaux. Spécifiquement, le téléphone mobile fait partie de ressources spatiales de la globalisation par le bas et permet de donner la voix aux plus démunis. Il est d'autant plus important dans les sociétés africaines où l'oralité est un mode d'expression particulier. C'est dans ce sens qu'il faut comprendre l'importance de l'économie des télécom-mu-nications. En effet, le continent africain se distingue par un trafic téléphonique international moyen parmi les plus élevés : « 75 minutes par mois et par abonné en France, 200 en Afrique… les pays de l'Afrique de l'Ouest ont un trafic international situé entre 200 et 600 minutes », c'est dire l'importance de la densité téléphonique internationale (Lemesle 2002 : 159).

Ce trafic téléphonique s'explique par l'importance de la diaspora africaine. La diaspora sénégalaise par exemple contribue fortement aux chiffres d'affaires des entreprises de télécommunication et notamment d'Orange qui garde une position de quasi-monopole sur ce marché et reçoit une taxe des sociétés étrangères d'implantation de ces immigrés. L'arrivée récente de nouveaux outils d'interaction via Internet (Facebook, Skype, Viber, Whats App, Imo…) a accéléré cette présence connectée des diasporas sous le mode de la gratuité. De véritables champs sociaux trans-nationaux émergent à partir desquels les individus multi-situés interagissent. Pour les opérateurs de téléphonie, cette nouvelle configuration du marché qui à terme va réduire les commissions générées, devrait les inciter à saisir d'autres sources de revenus comme le « social business ». L'idée peut être de sponsoriser des marques locales, des associations communautaires, des festivités nationales, des projets de jeunes. Le lancement d'initiatives comme le concours pour les développeurs ou encore le concours d'entrepreneur social d'Orange en Afrique subsaharienne sont autant d'initiatives qui peuvent fédérer les diasporas autour des opérateurs à partir d'une stratégie dite de responsabilité nationale.

Malgré ces avantages multiples des nouvelles technologies, il convient d'en mesurer les limites qu'il faut surmonter pour faire du digital un véritable levier de développement. Sans chercher nullement à être exhaustif, voici quelques points critiques qui doivent attirer l'attention des entreprises et des collectivités publiques concernant les nouvelles technologies :

Le phénomène de gadgétisation : cela consiste à utiliser les nouvelles technologies sans création de valeur. Bien que cette problématique se pose aussi dans d'autres contextes, elle est amplifiée par le contexte socio-culturel en Afrique (vie en communauté, importance de la cellule familiale…). Ainsi, il est fréquent de voir des employés utiliser le Smartphone ou les réseaux pendant le temps de travail pour discuter des évènements sociaux (fêtes, baptêmes, etc.) pendant que des clients sont en attente. Le mobile accentue ainsi des comportements qui existaient déjà dans les milieux professionnels en Afrique. De tels comportements entraînent une dégradation de la qualité du service et une réduction de la productivité au travail. La question se pose donc de savoir si les nouvelles technologies sont réservées aux pays dits « développés » ou, à l'inverse, si elles sont des facteurs de développement. Cette question, digne du paradoxe de l'œuf et de la poule, prend une dimension nouvelle avec la place significative des nouvelles technologies, des réseaux sociaux plus particulièrement, dans l'économie de nombreux pays d'Afrique.

La cybercriminalité et les usages dangereux des nouvelles technologies : les nouvelles technologies peuvent aussi favoriser les comportements déviants à l'image « des brouteurs » d'Abidjan ou des « arnacoeurs » nigérians, ces jeunes escrocs du sentiment qui passent leur temps dans le cyberspace à la recherche de proies faciles (en Occident en général). Leur spécialité est de contacter des hommes et des femmes en Europe via les réseaux sociaux comme Facebook, leur promettre l'amour pour au final, leur soutirer des sommes d'argent colossales. Lorsqu'on parle de nouvelles technologies, la question de la sécurité en ligne est juste au bout de la langue. Les risques politiques, sociaux et financiers sont importants et vont des « Yahoo boys » au cyber-terrorisme. Malheureusement, les faibles niveaux d'éducation/d'alphabétisation constituent un frein à la sensibilisation des usagers des appareils mobiles en Afrique. Au Cameroun, au Sénégal, au Burkina ou encore au Kenya, des opérateurs télécoms ont payé un lourd tribut à ces pratiques malveillantes qui se traduisent surtout sur le Continent par le piratage des cartes SIM. Face à ces menaces multiples, l'Union africaine a signé en 2014 une « Convention sur la cybersécurité et la protection des données à caractère personnel » qui prévoit que « chaque État partie s'engage à adopter des mesures législatives et/ou réglementaires pour identifier les secteurs considérés comme sensibles pour sa sécurité nationale et le bien-être de l'économie ».

Le manque d'infrastructures et les échecs : pour impacter l'économie réelle, le développement des technologies suppose l'existence de bonnes infrastructures de base (routes, transport, identification des personnes, identification des adresses postales, etc.). Cependant, l'Afrique est encore en retard sur ce plan. Des millions d'Africains n'ont pas d'état civil (ex. les enfants fantômes) et sont par conséquent exclus de toute possibilité de faire/recevoir un transfert d'argent (demandant une identification). En partant du principe que les « enfants fantômes » d'aujourd'hui en Afrique sont les apatrides de demain, la situation reste entière. À cela, il convient d'ajouter le mauvais état des routes, la vétusté des infrastructures de transport, l'absence d'identification/nomination des rues, etc. Plusieurs acteurs des nouvelles technologies ont ainsi connu des échecs en Afrique. En 2016, CDiscount a mis un terme à son aventure africaine en stoppant les activités de ses filiales actives en Côte d'Ivoire, au Cameroun et au Sénégal. Les causes sont multiples : mauvaise gestion des livraisons (jusqu'à 60 jours de délais), absence de partenariat sur place, faiblesse du e-paiement en Afrique, etc. Plus récemment, le e-commerçant Jumia a revu ses ambitions panafricaines à la baisse. En quelques semaines, le groupe a fermé ses opérations au Cameroun, en Tanzanie et au Rwanda. Son titre est au plus bas à la bourse de New York (perte de 90 % de sa valeur) où il est entré il y a quelques mois seulement (avril 2019). En cause le scepticisme des marchés, mais aussi des difficultés opérationnelles propres à l'Afrique, tout au moins à certains marchés d'Afrique.

Ces développements concernant les TIC montrent qu'elles présentent des opportunités considérables pour l'Afrique, mais présentent des risques importants qu'il convient d'analyser attentivement avant de mettre en place les solutions nécessaires. Il convient de saluer la prise de conscience des pouvoirs publics sur l'importance des nouvelles technologies. Au Sénégal, ont été créés successivement un ministère de l'Économie du numérique, un Conseil National du Numérique, une délégation à l'entrepreneuriat rapide (DER) orientée numérique. Nous constatons également l'émergence et le développement de structures d'accompagnement ou d'initiatives de l'entrepreneuriat numérique (incubateurs, digital challenge, etc.). Jokkolab, premier incubateur et espace de travail collaboratif d'Afrique de l'Ouest fondé par Karim Sy, est un bel exemple à citer. Il est présent dans neuf pays (Burkina Faso, Cameroun, Côte d'Ivoire, Sénégal, etc.) et a accompagné plus de six cents entrepreneurs. Sa mission est « d'inspirer et développer une communauté d'entrepreneurs qui vont inventer le futur pour une prospérité partagée ». N'est-ce pas beau et inspirant ?

CONCLUSION

Les sciences humaines et sociales sont confrontées à la dialectique du particulier et de l'universel, du contingent et du globalisant. Pour amorcer le chemin ou l'œuvre d'enveloppement des sociétés africaines comme indiqué par le courant post-colonialiste, il importe, comme nous l'avons noté dans cet ouvrage, de se fonder sur la socio-culture et les ressources disponibles. C'est se départir de suivre uniquement la cosmologie occidentale à travers l'adoption de pratiques mimétiques ou la reproduction à l'identique de formes et de schémas culturels. Pour ce faire, dans cet ouvrage, nous avons montré les modes de pensées, les agents et les vecteurs qui influencent et orientent les comportements de consommation en Afrique.

Dans une perspective opérationnelle, nous nous sommes inspirés des potentialités, des concepts et des initiatives marketing réussies pour ouvrir la voie à d'autres positionnements, d'autres marchés, d'autres débouchés, d'autres créneaux de consommation. Nous avons souligné que faire du marketing en Afrique, c'est faire preuve d'audace, de sortir des schémas dominants, des séductions occidentales, de penser des perspectives alternatives, de construire de nouvelles narrations, de fonder des dispositifs marchands utiles pour la grande masse. C'est faire preuve d'éthique et de responsabilité et engager sur la consommation des questionnements critiques.

Mais sans doute, il faudrait être plus large dans la visée du marketing en Afrique. Étant donné sa résonance dans ces pays, il faudrait que cette discipline puisse prendre sa place dans le discours intellectuel. À ce titre, cet ouvrage est une contribution à faire du marketing autrement. Dans le champ sociétal sur des questions et des maux sociaux dont la consommation du tabac et de drogue, les risques d'obésité, d'addiction aux jeux de hasard, de la sexualité et des risques d'infection du VIH et de grossesses précoces, etc. le marketing doit aider à un changement des comportements au service du bien-être individuel et collectif.

Cet ouvrage s'inscrit dans ce que nous appelons le marketing de l'espoir. Celui-ci doit transcender les clivages et dichotomies pour mieux les féconder et les articuler. Le marketing de l'espoir doit être un marketing d'idéation, un marketing fondé sur des priorités et des problématiques africaines. Son périmètre doit concerner le marketing ontologique et anthropologique afin d'aider les individus et les communautés à accéder à un bien-être. Pour cela, le marketing africain doit s'ouvrir à d'autres épistémologies et théories des sciences (économie, sciences sociales, sciences politiques) de manière à saisir les discours, pratiques et représentations de ce bien-être. Le marketing africain doit produire un discours lucide sur les objets, la consommation, la valeur et les formes de la consommation. Le marketing africain doit-il participer de la consommation qui étend son influence sur toutes les sphères de la société et les domaines de l'existence humaine ? Doit-il comme dans d'autres contextes culturels, laisser la consommation imposer ses significations, favoriser l'obsolescence des objets, la production-destruction des biens de consommation dans un cycle industriel favorisant la pérennité d'un système économique ? Doit-il inciter à la marchandisation de sa culture et à une forme de mercantilisation de tout objet culturel ? Le marketing de l'espoir doit plutôt inciter voire susciter une culture de consommation orientée vers une production et une consommation à un coût minimum qui éviteraient toute forme de marginalisation par le prix et l'exclusion sur le marché. Il doit mettre en avant une « éthique de la dignité ». Pour ce faire, une réflexion sur les formes de consommation destructrice et symbolique, la perversion de leur finalité notamment au moment des cérémonies, rites familiaux et communautaires doit être posée. Le marketing africain doit oser évoquer la question de la hiérarchie des besoins, la répartition des budgets de consommation. Il doit aider à la définition des choix économiques et consommatoires individuels et collectifs. Le marketing de l'espoir est un marketing proactif et prospectif.

Cet ouvrage a dessiné sur ces questions à fort enjeu des pistes et des solutions. Il aide à mieux saisir le consommateur africain dans sa complexité, ses expressions, ses valeurs de consommation. D'abord, il s'est appesanti à décrire le contexte de consommation africain marqué par plusieurs défis et des vulnérabilités importantes. Il met en avant les acteurs qui comptent (classe moyenne, jeunes, femmes, diasporas) pour favoriser et impulser une nouvelle dynamique et de nouvelles énergies dans les façons de faire. Pour chacun de ces acteurs, nous avons mis en avant ces potentialités, ces capacités intrinsèques dans un élan de construction d'un avenir meilleur en Afrique. Les valeurs et les modes de consommation que nous avons déclinés indiquent des formes de constructions identitaires hybrides, plurielles, entre le local et le global, le dedans et le dehors, et surtout le poids des déterminismes et des structures dans la façon de se représenter et de se dévoiler. Des résistances, des voies déviantes s'observent, mais sans qu'elles aient encore une influence décisive ou introduisent une rupture dans la marche vers la modernité africaine. Cette modernité africaine se manifeste dans différents secteurs d'activités. La distribution et les nouvelles technologies constituent des pans où cette volonté disruptive se manifeste et se revitalise.

RÉFÉRENCES BIBLIOGRAPHIQUES

Abaza M. (2001), « Shopping malls, consumer culture and the reshaping of public space » in *Egypt, Theory, Culture and Society*, 18 : 97-122.

Akue-Kpakpo A., (2013), *Study on International Internet Connectivity in Subsaharan Africa*, Genève, International Telecommunications Union.

Appadurai A. (2001), *Après le colonialisme. Les conséquences culturelles de la globalisation*, Petite Bibliothèque Payot, Traduction Françoise Bouillon.

Armstrong J.-A. (1976), « Mobilized and proletarian diasporas », *American Political Science Review*, 70 : 393-408.

Assigbley Y. (1999), « De l'adaptation du marketing dans les services et systèmes d'information en Afrique francophone DE » : 61-67, in *Le marketing des bibliothèques à l'heure du changement et de la mondialisation* : Papers presented at the 63rd IFLA Conference, Copenhagen, September 1997.

Burke T. (1996), *Lifebuoy men, lux women: commodefication, consumption, and cleanliness in modern*, Zimbabwe Duke University Press Books, 2d ptg. Édition.

Askeegaard S. et Linnet J. T. (2011), « Vers une épistémologie de la théorie de la culture du consommateur (CCT) : Phénoménologie, structure et contexte du contexte », *Perspectives Culturelles de la Consommation*, 1, 1 : 15-421.

Assaël H. (1987), *Consumer behavior and marketing action*, 3rd Edition, Kent, Boston, Mass.

Banerjee A. et Duflo E. (2012), *Repenser la pauvreté*, Éditions du Seuil, Paris.

Baudrillard J. (1970), *La Société de consommation*, Denoël, Paris.

Lorenzi J.-H. et Berreki M. (2014) *Un monde de violences : l'économie mondiale 2016-2030*, Eyrolles, Paris.

Biaya T. K. (2000), « Jeunes et culture de la rue en Afrique urbaine (Adis-Abeba, Dakar et Kinshasa) », *Politique africaine*, 4 : 12-31.

Biaya T. K., (2002), « Culture du loisir et culture politique » : 341-352, in M.-C. Diop (dir) *Le Sénégal contemporain*, Karthala, Paris.

Bikanda P. J. et Méfouté Bandiang A. (2017), *Antropo-marketing : les logiques du marketing en Afrique, contribution théorique pour le développement de la connaissance en Marketing*, Édition Cheikh Anta Diop.

Berry J.-B. (2006), « Innovation et marchés de grande distribution », 17-27, in *Le commerce en France*, INSEE, Paris

(cf. http://insee.fr/fr/ffc/docs_ffc/ref/comfra06bc.pdf).

Boillot J.-J. et Dembinski S. (2013), *Chindiafrique la Chine, l'Inde et l'Afrique feront le monde de demain*, Odile Jacob, Paris.

Bourguignon F. (2015), *Pauvreté et développement dans un monde globalisé*, Collège de France/Fayard, Paris.

Bordes-Benayoun C. et Schnapper D. (2006), *Diasporas et nations*, Odile Jacob, Paris.

Brasseul J. (2016), *Histoire économique de l'Afrique tropicale : des origines à nos jours*, Armand Colin.

Braun L. N (2015), « Performances réelles et espaces virtuels. Les jeunes, créateurs des cultures populaires africaines », *Afrique contemporaine*, 254 : 110-112.

Brunel S. (2004), *L'Afrique - Un continent en réserve de développement*, Éditions Bréal.

Bredeloup S. et Bertoncello B. (2006), « La migration chinoise en Afrique : accélérateur du développement ou « sanglot de l'homme noir » ? *Afrique contemporaine*, 218 :199-224.

Brodin O., Coulibaly D. et Ladwein R. (2016), « Le luxe ostensif sous-culturel comme processus mimétique créatif : le cas des Sapeurs Parisiens », *Recherches et Applications en Marketing*, 31 : 1, 46-66.

Broutin C. et Bricas N., (2006), *Agroalimentaire et lutte contre la pauvreté en Afrique subsaharienne : le rôle des micro et petites entreprises*, Éditions du Gret, Paris.

Cassou S. (2015), « Afrique : enfer et eldorado », *Manière de voir*, no 143, Éditions Monde

Diplomatique.https://www.monde-diplomatique.fr/mav/143/CESSOU/53893.

Centlivres P. (2000), « Introduction : portée et limites de la notion de diaspora,*CEMOTI », Cahiers d'Études sur la Méditerranée Orientale et le monde Turco-Iranien*, 30 : 5-12.

Charnay J. (2017), *Les Syro-Libanais en Afrique Occidentale française (AOF) des années 1880 à 1939*, Arts visuels, 142, Seconde Partie, Etudes libres. Accessible en ligne https://journals.openedition.org/remmm/9745.

Chakrabarty D. (2000), *Provincializing Europe : Post-colonial thought and historical difference*, New Edition, Princeton University Press.

Chevalier B. (2008), *La mondialisation démystifiée: un I-phone à Bamako*, Éditions Autrepart.

Copans J. (2000), « Mourides des champs, mourides des villes, mourides du téléphone portable et de l'internet. Les renouvellements de l'économie politique d'une confrérie », *Afrique Contemporaine*, 194 : 24-32.

Cordonnier R. (1987), *Femmes africaines et commerce: les revendeuses de tissu de la ville de Lomé*, L'Harmattan, Paris.

Coulibaly, D. et Bahri-Ammari, N. (2019), « L'implantation de Auchan Retail au Sénégal : Étude exploratoire sur la perception positive et l'expérience vécue par le consommateur issu de la diaspora », *Congrès Association Africaine de Marketing*, Dakar, 10-12 avril.

Dankoco I. S (1996), *Le comportement d'achat familial au Sénégal : rôle de la femme dans le processus de décision*, Thèse de doctorat, Université Corse.

Davis F. D., Bagozzi R. P. et Warshaw P. R. (1989), « User acceptance of computer technology – A comparison of two theoretical-models », Management Science, 35, 8 : 982-1003.

Daziano L. (2014), *Les pays émergents ; Approche géo-économique*, Armand Colin, Paris.

DeBerry-Spence B., Bonsu, S. K. et Arnould E.J. (2012), « Market development in the African context » : 93-109, In Peñaloza, L., Toulouse, N., Visconti, L., editors. *Marketing Management: A Cultural Perspective*. New York, NY: Routledge.

Debrah Y. (2002), « Doing business in Ghana, Thunderbird International » Business Review, 44, 4 : 495-513.

Deshpandé R., Webster F. (1989). « Organizational culture and marketing: Defining the research agenda ». *Journal of Marketing*, 53 : 3-15.

Dia A.L. (1991), « Le management africain : Mythe ou réalité », *Revue internationale P.M.E.*, 4, 1 : 29-48.

Diallo M. F., Diop-Sall F. et Seck A. M., (2015), « L'innovation perçue et ses conséquences dans les centres commerciaux modernes d'Afrique : L'exemple du Sénégal », *Management et Avenir*, 81 : 57-79.

Diop M.-C. (2002), *La société sénégalaise entre le local et le global*, Karthala, Paris.

Diop F. (2012), « Tradition et comportement de consommation au Sénégal : Une étude exploratoire sur la tenue vestimentaire », *La Revue Sciences de Gestion*, 261-262, mai-août, 121-130.

Diop F. (2005), *Évaluation des critères d'achat par la ménagère sénégalaise : application aux céréales locales transformées*, Thèse de doctorat, Université Cheikh Anta Diop, Dakar, Sénégal.

Diouf M. (2003), « Engaging postcolonial cultures: African youth and public space », *African Studies Review*, 46, 2 : 1-12.

Diouf I. D. et Simen S. F. (2016), « Importance des réseaux de relation personnelles dans le processus de création d'entreprise: le cas des femmes entrepreneurs au Sénégal », *Revue Africaine de Gestion* :1-26.

Dubois M. et Bobillier-Chaumon M. E. (2009), « L'acceptabilité des technologies: bilans et nouvelles perspectives », *Le travail humain*, 72, 4 : 305-310.

Ela J.-M. (1971), *La plume et la pioche. Réflexion sur l'enseignement et la société dans le développement de l'Afrique noire*, Yaoundé, Éditions Clé.

Faure G.-O. (2014), « Le "troc à la muette" : une forme première de négociation », Négociations, 2, 22 : 121-137.

Fekkar-Lambiotte B. (2007), *La double présence*, Le Seuil, Paris.

Figueiredo B. et Cayla J. (2012), « The transnational mobility of global cosmopolitans: how multi-acculturation affects the national identities of circulating consumers », *European Marketing Academy Conference* (EMAC), Lisbon, Portugal, May 2012.

Fishbein M. et Ajzen I. (1975), *Belief, attitude, intention, and behavior: an introduction to theory and research*, Reading, MA: Addison-Wesley.

Fouquet T. (2008), « Migrations et « glocalisation dakaroise » : 241-276, in M.-C. Diop, *Le Sénégal des migrations, Mobilités, Identités et Sociétés*.

Fouquet T. (2007), « Imaginaires migratoires et expériences multiples de l'altérité: une dialectique actuelle du proche et du lointain », *Autrepart*, 1, 41 : 83-97.

Galland O. (2014), « Les valeurs des jeunes Européens : un tableau d'ensemble », *Agora débats/jeunesses*, 2, 67 : 61-78.

Gallouj C. (2007), *Innover dans la grande distribution*, De Boeck, Bruxelles.

Garcia G. (2004), *The new mainstream : How the multicultural consumer is transforming American Business*, Rayo/Harper Collins.

Gning S. (2013), « Les femmes dans le secteur informel aujourd'hui » : 336-344, in *Travail et genre dans le monde. L'état des savoirs*, (sous dir.) Margaret Maruani, La Découverte.

Gorge H. et Özçağlar-Toulouse N. (2013), « Expériences de consommation des individus pauvres en France : Apports du Pas de la Pyramide et de la Transformative Consumer » *Research, Décisions Marketing*, 72 : 139-156.

Graham M. etKhosravi S. (2002), « Reordering public and private in Iranian cyberspace: identity, politics, and mobilization identity », *Global Studies in Culture and Power*, 9, 2 : 291-246.

Guignard T. (2007), *Le Sénégal, les Sénégalais et Internet : médias et identité*, Thèse en Sciences de l'Information et de la Communication soutenue à l'Université Charles de Gaulle Lille 3 le 26 octobre.

Gueye A. (2006), « De la diaspora noire : enseignements du contexte français », *Revue européenne des migrations internationales*, 22, 1 : 11-33.

GSMA (2019), *L'économie mobile : Afrique sub-saharienne*, Rapport. Accessible en ligne (novembre 2019) :

https://www.gsma.com/r/mobileeconomy/sub-saharan-africa/

Hasnaoui A. et Lentz F. M. (2011), « Proposition d'un modèle d'analyse des déterminants de l'adoption et de l'usage des systèmes de paiement électronique «B2C» », *Management Avenir*, 5 : 223-237.

Hahn H. P. (2009), « Consommation, modèles et appropriation en Afrique » : 75-87, in Dominique Darbon, *La politique des modèles en Afrique : Simulation, dépolitisation et appropriation*, Kathala, Paris.

Havard J.-F. (2001) « Ethos « Bul Faalé » et nouvelles figures de la réussite au Sénégal », *Politique africaine*, 82 : 63-77.

Hénault G. M. (1987), *Marketing et Développement du Tiers-Monde*, Economica, Paris.

Hirschman E. C. et Touzani M. (2011), « Consumer acculturation in situ: the continuing legacy of French colonization in North Africa » : 114-128, in Sandikci, O., Rice, G., *Handbook of Islamic Marketing.*

Jacquemot P. (2013), *Économie politique de l'Afrique contemporaine; Concepts, analyses, politiques*, Paris, Armand Colin.

Lauras-Locoh T. et Lopez-Escartin N. (1992), « Les jeunes en Afrique : enjeux démographiques, enjeux sociaux

Démographie sociale en Afrique », *Cahiers québécois de démographie*, 21, 1 : 29-44.

Kanbur R. et Keen M. (2015), « Reducing informality », *Finance & Development*, 52, 1 : 52-54.

Kane A. (2001), *Diaspora villageoise et développement local en Afrique : le cas de Thilogne* Association Développement, Hommes & Migrations,1229, 96-107L.

Kapchan D. (1998), « Paroles de femmes, paroles voilées Les souks au Maghreb, Hermès », *La Revue*, 1998/1, 22 : 143-151.

Kernen A. et Mohammad G.K. (2014), « La révolution des produits chinois en Afrique Consommation de masse et nouvelle culture matérielle », *Politique africaine*, 2 : 111-132.

Khodorowsky (2015), *Marketing et communication jeunes. Vendre aux générations Y et Z*. Collection : Marketing sectoriel, Dunod. Paris.

Lamont M. et Molnár, V. (2001), « How Blacks use consumption to shape their collective identity ». *Journal of Consumer Culture*, 1, 1 : 31-35.

Latouche S. (1998), *L'Autre Afrique : Entre don et marché*, Albin Saint Michel, Paris.

Lemaître A., Ansoms A., Charlier S., Legrand V. et Yépez I. (2016), « Réalités et défis Sud liés au secteur informel : une pluralité d'approches à partir d'une épistémologie d'économie populaire » : 89-104, *Reflets et perspectives de la vie économique*, 2016/1 Tome LV.

Licoppe C. (2004), « Connected » presence: the emergence of a new repertoire for managing social relationships in a changing communication technoscape », *Environment and Planning D: Society and Space*, 22 : 135-156.

Longo M.-E. (2010), *Entrer dans la vie professionnelle dans un contexte social incertain. Le cas des jeunes en*

Argentine, Temporalités [En ligne], n° 22. Document téléaccessible à l'adresse
http://temporalites.revues.org/index1232.html.

Lewis P. M. (2015), *Le marketing de rue en Afrique*, L'Harmattan, Paris.

Manning P. (2010) – *The African Diaspora : A History Through Culture*. New York, Columbia University Press.

Mauger G. (1995), « Jeunesse : l'âge des classements. Essai de définition sociologique d'un âge de la vie », *Recherches et prévisions*, 40 : 19-36.

Marfaing, L. (2015), « Dakar 2025 » : L'avenir du commerce ambulant face aux stratégies d'aménagement de la municipalité », *Métropolitiques*, 27 mai 2015. Accès en ligne: https://www.metropolitiques.eu/Dakar-2025-L-avenir- du-commerce.html

Mbaye S. (2009*), L'Afrique au secours de l'Afrique*, Éditions de l'Atelier, Paris.

Mbembe A. et Nuttall S. (2004), « Writing the world from an African Metropolis », *Public Culture*, 16, 3 : 347-372.

Mbembe A. (2002), « L'Afrique entre localisme et cosmopolitisme », *Revue Esprit*, 288 (Octobre) : 65-74.

Mbiti J. S. (1990), *African religions and philosophy*, 2e édition, Heinemann Educational Publishers, Oxford.

Mbodji M. (2002), « Le Sénégal entre ruptures et mutations citoyennetés en construction », *Le Sénégal contemporain*, Paris, Karthala.

Mmieh F. et Owusu-Frempong N. (2004), « State policies and the challenges in attracting foreign direct investment: A review of the Ghana experience », *Thunderbird International Business Review*, 46, 5 : 575-599.

Munene J., Schwartz S. et Smith P. (2000), « Development in sub-Saharan Africa: cultural influences and managers' decision behavior », *Public Administration and Development*, 20, 4 : 339-351.

Medina L., Jonelis A. W et Cangul M. (2017), « The informal economy in Sub-Saharan Africa: size and determinants », *Working Paper* No. 17/156. Accès en ligne:

https://www.imf.org/en/Publications/WP/Issues/2017/07/10/The-Informal-Economy-in-Sub-Saharan-Africa-Size-and-Determinants-45017

Mendy M. (2014), *Analyse des pratiques managériales des femmes chefs d'entreprise au Sénégal : Vers un style féminin de management dans Gestion des activités publiques et privées en milieu africain*, L'Harmattan.

Moore G. C. et Benbasat I. (1991), « Development of an instrument to measure the perceptions of adopting an information technology innovation », *Information Systems Research*, 2, 3 : 192-223.

Narver J. C. et Slater S. F. (1990), « The effect of a market orientation on business profitability », *Journal of Marketing*, 54 4 : 20-35.

Ndione L. C., Rémy E. et Bah T. (2017), « Ethnicité, consommation et retours temporaires au pays d'origine : le cas de la figure des venants sénégalais ». *Recherche et Applications en Marketing*, 32, 4 : 58-76.

Nguyen-Cohan M. L. (2011), *Le marché de l'ethnique, un modèle d'intégration ?* Halal, Casher, beauté noire, Michalon Editions, Paris.

Nuttall S. (2006), « A politics of the emergent: Cultural studies in South Africa ». *Theory, Culture & Society*, 23, (7-8), 263-278.

Ollivier A. et De Maricourt R. (1990), *Pratique du marketing en Afrique*, Aupelf Uref, Paris.

Phau I. et Prendergast G. (2000), « Conceptualizing the country of origin of brand », *Journal of Marketing Communications*, 6, 3 : 159-170.

Perrier P. (2000), *Vacances populaires* (images, pratiques et mémoires), Presses Universitaires de Rennes.

Rajaoson, J. (2013), « Les Chinois en Afrique : essai de catégorisation à partir d'une enquête effectuée à Dakar », *Migrations Société*, 5 : 159-174.

Reinartz W., Dellaert B., Krafft M., Kumar V. et Varadarajan R. (2011), « Retailing innovations in a globalizing retail market environment », *Journal of Retailing*, 87, 1 : S53-S66.

Rémy E. et Ndione L.-C. (2018), « L'impact de la globalisation sur les systèmes de don : le cas de la migration sénégalaise », *Recherche et Applications en Marketing*, 21, 1 : 19-39.

Roederer C. et Filser M. (2015), *Le marketing expérientiel : vers un marketing de la cocréation*, Éditions Vuibert.

Rogers E. M. (1995), *Diffusion of Innovations*, Free Press, New York, 518 p.

Sall M. B. (2013), « Déterminants de la compétitivité africaine des PME africaines », *Afrique et développement*, XXXVIII, 1, 2 : 71-79.

Sarr F. (1998), *Entrepreneuriat féminin au Sénégal, la transformation des rapports de pouvoirs*, L'Harmattan.

Sayad A. (1999), *La double absence. Des illusions de l'émigré aux souffrances de l'immigré*, Le Seuil, Paris.

Senges A. (2003) (Auteur) *Ethnik! Le marketing de la différence*, Autrement, Paris.

Sindayigaya J. M. (2000), *Le nouvel esclavage de l'Afrique*, L'Harmattan, Paris.

Severino J.-M. et Ray O. (2010), *Le temps de l'Afrique*, Odile Jacob, Paris.

Sow F. (1992), « Les initiatives féminines au Sénégal, une réponse à la crise », communication au colloque sur *l'État et société au Sénégal : crises et dynamiques sociales*, Dakar, IFAN/Université Cheikh Anta Diop.

Steward F. (1985), *Basic needs in developing countries*, Baltimore, The John Hopkins University Press, Herault : 149-150.

Tall E. K. (ed.), Pommerolle M. E., Cahen M. (2015). *Collective mobilisations in Africa: enough is enough ! = Mobilisations collectives en Afrique : ça suffit!*. Leyde (NLD) ; Londres : Brill, (15), 364 p. (Africa-Europe Group for Interdisciplinary Studies ; 15).

Tall S. M. (2009), « Diaspora et développement du Sénégal : historicité et perspectives », Rapport pour le compte de ENDA-Europe *sur l'implication des diasporas sénégalaises dans le développement du Sénégal* Programme DIAPODE (Diasporas pour le développement).

Tidjani B. et Chirouze Y. (2009), « Marketing et communication, Numéro spécial », *Le marketing en Afrique : comportements des consommateurs et pratiques commerciales*, 9, 1 : 2-5.

Wilk R. (1995), « Learning to be local in Belize: Global systems of common difference » : 110-133, in D. Miller (ed.) Worlds Apart. Modernity through the prism of the local, Routledge, London.

Zelizer V. A. (2006), « Place de la culture », *Revue Interventions économiques*, 33 : 43-58.

TABLE DES MATIÈRES

Structures éditoriales du groupe L'Harmattan

L'Harmattan Italie
Via degli Artisti, 15
10124 Torino
harmattan.italia@gmail.com

L'Harmattan Hongrie
Kossuth l. u. 14-16.
1053 Budapest
harmattan@harmattan.hu

L'Harmattan Sénégal
10 VDN en face Mermoz
BP 45034 Dakar-Fann
senharmattan@gmail.com

L'Harmattan Cameroun
TSINGA/FECAFOOT
BP 11486 Yaoundé
inkoukam@gmail.com

L'Harmattan Burkina Faso
Achille Somé – tengnule@hotmail.fr

L'Harmattan Guinée
Almamya, rue KA 028 OKB Agency
BP 3470 Conakry
harmattanguinee@yahoo.fr

L'Harmattan RDC
185, avenue Nyangwe
Commune de Lingwala – Kinshasa
matangilamusadila@yahoo.fr

L'Harmattan Congo
67, boulevard Denis-Sassou-N'Guesso
BP 2874 Brazzaville
harmattan.congo@yahoo.fr

L'Harmattan Mali
ACI 2000 - Immeuble Mgr Jean Marie Cisse
Bureau 10
BP 145 Bamako-Mali
mali@harmattan.fr

L'Harmattan Togo
Djidjole – Lomé
Maison Amela
face EPP BATOME
ddamela@aol.com

L'Harmattan Côte d'Ivoire
Résidence Karl – Cité des Arts
Abidjan-Cocody
03 BP 1588 Abidjan
espace_harmattan.ci@hotmail.fr

Nos librairies en France

Librairie internationale
16, rue des Écoles
75005 Paris
librairie.internationale@harmattan.fr
01 40 46 79 11
www.librairieharmattan.com

Librairie des savoirs
21, rue des Écoles
75005 Paris
librairie.sh@harmattan.fr
01 46 34 13 71
www.librairieharmattansh.com

Librairie Le Lucernaire
53, rue Notre-Dame-des-Champs
75006 Paris
librairie@lucernaire.fr
01 42 22 67 13

www.ingramcontent.com/pod-product-compliance
Lightning Source LLC
LaVergne TN
LVHW011011061026
849535LV00006B/1829